其实，你不必讨好任何人

THE DISEASE TO PLEASE
Curing the People-Pleasing Syndrome

21天行动计划
帮你重新掌控生活

［美］哈丽雅特·B. 布莱克 ———— 著　姜帆 ———— 译
（Harriet B. Braiker）

机械工业出版社
CHINA MACHINE PRESS

Harriet B. Braiker, Ph.D.
The Disease to Please: Curing the People-Pleasing Syndrome.
ISBN: 0-07-138564-9
Original edition copyright © 2001 by Harriet B. Braiker, Ph.D.

No part of this publication may be reproduced or transmitted in any form or by any means, electronic or mechanical, including without limitation photocopying, recording, taping, or any database, information or retrieval system, without the prior written permission of the publisher.

This edition is authorized for sale in the Chinese mainland(excluding Hong Kong SAR, Macao SAR and Taiwan).

Simple Chinese translation edition copyright © 2025 China Machine Press. All rights reserved.

版权所有。未经出版人事先书面许可，对本出版物的任何部分不得以任何方式或途径复制传播，包括但不限于复印、录制、录音，或通过任何数据库、信息或可检索的系统。

此中文简体翻译版本经授权仅限在中国大陆地区（不包括香港、澳门特别行政区和台湾地区）销售。

翻译版权 © 2025 由机械工业出版社所有。

北京市版权局著作权合同登记　图字：01-2010-3814 号。

图书在版编目（CIP）数据

其实，你不必讨好任何人：21 天行动计划帮你重新掌控生活 /（美）哈丽雅特·B.布莱克 (Harriet B. Braiker) 著；姜帆译. -- 北京：机械工业出版社，2025.3. -- ISBN 978-7-111-77357-3

I. B848-49

中国国家版本馆 CIP 数据核字第 2025ND8432 号

机械工业出版社（北京市百万庄大街 22 号　邮政编码 100037）
策划编辑：刘利英　　　　　　　　责任编辑：刘利英
责任校对：孙明慧　李可意　景　飞　责任印制：刘　嫒
三河市国英印务有限公司印刷
2025 年 6 月第 1 版第 1 次印刷
147mm×210mm · 11.5 印张 · 253 千字
标准书号：ISBN 978-7-111-77357-3
定价：69.80 元

电话服务　　　　　　　　　网络服务
客服电话：010-88361066　　机　工　官　网：www.cmpbook.com
　　　　　010-88379833　　机　工　官　博：weibo.com/cmp1952
　　　　　010-68326294　　金　　书　　网：www.golden-book.com
封底无防伪标均为盗版　　　机工教育服务网：www.cmpedu.com

谨以本书纪念我深爱的父母。
献给阿曼达,我最珍视的挚爱。
也献给史蒂文,感谢你把自己的鞋子给了我。
我希望我让你们满意了。

推荐序

我有幸与哈丽雅特·B.布莱克博士相识超过25年了。她和我同是加利福尼亚大学洛杉矶分校的研究生，直到她去世的时候，我们都是亲密的朋友。她是我认识的最聪明、直觉最强的人之一。本书融合了布莱克博士的非凡能力，她能够将一流的分析思维（她在社会心理学和临床心理学方面的训练让她的思维更加敏捷）与对人际关系的领悟结合在一起。正是那些人际关系让我们成为人类。哈丽雅特理解人性的可能性与局限性，清晰地记录了人们是如何与他人互动的，以及是什么促使我们延续那些有害无益的行为模式。重要的是，她随后提出了有效的方法来改变这种行为，并改善我们的生活。

本书既是布莱克博士深厚的心理学知识的结晶，也是对她多年来从事心理治疗、敏锐观察人类行为所获得的理解的总结。在这本书中，她描述了许多人对于获得认可的强烈需求，以及讨好他人的愿望，而这些需求和愿望却妨碍了他们过上充实而有意义的生活。她先是以一贯的直率和清晰的思路描述了这个问题，然后提出了高度实用的建议，帮助我们在他人的要求与自己的时间和幸福之间找到平衡。

我强烈推荐本书。你们会学到一些让生活更加丰富的东西。

凯·雷德菲尔德·杰米森博士
(Kay Redfield Jamison, Ph. D.)
《躁郁之心》作者

序　言

1999 年 7 月，我作为客座专家，来到《奥普拉》(*Oprah*) 节目讨论讨好症。奥普拉告诉她的观众，对她来说，这种"疾病"——"讨好综合征"是一个非常重要且切身的问题。这是一个她长期未能克服的问题。而且，她和我一样相信，有大量女性（也包括男性）都被自我施加的压力所困扰，以牺牲自己的健康和幸福为代价来讨好他人。

我对这个话题的兴趣始于许多年前。我做临床心理学家已经超过 25 年了。在这些年里，我治疗过数百名讨好他人的女人和男人，他们总是不得不把其他人的需要放在首位，因而影响了自己的生活。他们永远不会说"不"，总是无休止地争取每个人的认可，并试图让每个人都快乐——除了自己。

我的第一本书《E 型女人：如何克服"无所不能"的压力》(*The Type E Woman: How to Overcome the Stress of Being Everything to Everybody*)，就强调了讨好他人是女性压力问题的核心原因。从那

以后，我写了许多其他相关主题的书籍和文章。

但是，我决定写作本书的直接原因是奥普拉·温弗瑞（Oprah Winfrey）。在节目录制过程中，奥普拉两次看着我说："哈丽雅特，这应该是你下一本书的主题。"我很感谢奥普拉的建议和鼓励。

本书讲的不是那些偶尔为了让别人开心而做得过了头的好人。事实上，讨好症是一种令人无力的心理问题，其影响深远，后果严重。

我写本书是为了帮助深受讨好症困扰的人们。我热切地希望如此。

哈丽雅特·B.布莱克

加利福尼亚州，洛杉矶

致　谢

在过去的 25 年里，我一直在从事临床工作，我的患者一直是我知识与灵感的源泉。我治疗过的许多讨好者（既有女人也有男人），极大地加深了我对这个问题的理解，让我更加清楚这种问题对于患者的健康、关系和生活质量所造成的影响。我的患者让我坚信不疑，只要肯下功夫，渴望改变，人类的精神就能克服这个问题，以及许多其他通往幸福的障碍。

本书中的案例，建立在我有幸治疗过的患者的临床病史的基础之上。当然，为了保密，姓名与细节都做了改动。我相信，本书中的那些故事带来了丰富的色彩与深度，只有真实的故事才能有这样的作用。

我还要感谢我的患者，他们在我写作期间大力配合我的日程安排。我非常感谢我的私人助理、"左膀右臂"——索尼娅·西蒙斯（Sonja Simmons）。我深深感谢她的忠诚、投入、幽默和毫不动摇的精神支持。

我特别感谢奥普拉在她关于讨好症的那期节目上（1999年7月播出）给我的反馈与鼓励，这期节目给了我很大的动力去写作本书。

我要感谢我在麦格劳－希尔出版公司的第一位编辑贝齐·布朗（Betsy Brown），她观看了奥普拉关于讨好他人的节目，意识到有许多人需要得到帮助来解决这个问题，我很感激她和麦格劳－希尔公司给了我这个机会，通过写作本书去帮助他人。

能与克劳迪娅·里耶梅·布托特（Claudia Riemer Boutote）一起工作是我的荣幸。她拥有极大的工作热情、敏锐的智慧，并且非常擅长编辑那些对我极为宝贵的手稿。

当然，我要感谢我的经纪人艾丽斯·马特尔（Alice Martell），感谢她的鼓励、随时随地的帮助，以及明智的建议。

同样重要的是，我要感谢我的家人，谢谢他们给我那么多、那么好的爱。

我的丈夫史蒂文是我家里的主编，也是我一生的挚爱。他给了我指引、智慧、幽默和力量，让我继续前行。我的小女儿、最好的朋友阿曼达会在我写书的艰难过程中，为我按摩疼痛的背部，有时还会振奋我萎靡不振的精神。

最后，感谢布朗迪，我们最典型的讨好者，感谢你在我写作时温暖我的双脚。

引 言

如何从本书中获得最有益的阅读体验

　　这本书着眼于小的行动步骤,你将一步一步地从讨好症中恢复过来。以下是开始阅读的方法:

　　首先,要想从本书中受益,你不必从头到尾读完。如果你像我认识的大多数讨好者一样,你大概已经忙得焦头烂额了。写作本书的时候,我考虑到了你和你对时间的迫切需求。

　　你可以阅读第1章,做一做那个有启发性的小测验"你有讨好症吗"。这个测验能帮助你找出你患上讨好综合征的潜在原因,找到最适合你的分类。具体而言,这个测验将揭示你讨好问题的主要根源,是强迫行为、扭曲的思维,还是对消极感受的回避。(你很有可能会受到这三种因素的共同影响,大多数人都是,但其中一种因素可能比其他因素更为明显。)

　　一旦你知道了自己的类型,如果你现在没有时间通读全书,那就直接阅读最适合你的那一部分:认知、习惯或情绪。然后,等你准备好了，你就可以直接开始"治愈讨好症的 21 天行动计划"。实施该计划最有效的方法是，从第一天开始，在接下来的三周内，每次执行一整天的计划。记住：小步前进，不要着急。

读这本书的时候，最好用荧光笔或其他笔来做记号。你应该标出那些写进你心坎里，以及对你有个人意义的部分、段落、故事、行为和顿悟。请随意在书上写字。在空白处写下你的想法和赞同的话语。请把这本书放在身边，这样当你最需要的时候，它可以为你提供安慰、指导和安全感。

在这本书中，那些小箭头（▶）表示你应该特别注意的部分。当你读到对你特别重要的内容时，也可以画出自己的箭头或星星。

当你开始康复的时候，如果你有时间，就可以回到你第一次阅读时跳过的部分，也可以重读那些对你最有帮助的部分。

请放心，你并不孤单。世界上有成千上万像你一样的讨好者。开诚布公地和你的家人朋友谈谈，你会发现你并不孤单。你可以考虑在社群内成立互助小组，这样你和其他与你一样的人就能相互帮助了。

目 录

推荐序

序 言

致 谢

引 言

第 1 章　讨好症三角：做好人的代价　/ 1

第一部分　讨好认知

第 2 章　有害的思维　/ 19
第 3 章　不够好也没关系　/ 34
第 4 章　他人优先　/ 53
第 5 章　你的价值并不取决于你做了多少事　/ 69
第 6 章　好人也可以说"不"　/ 82

第二部分　讨好习惯

第 7 章　学会讨好：对认可成瘾　/ 92

第 8 章　你为什么得不到父母的认可　/ 110

第 9 章　不顾一切的爱　/ 119

第 10 章　恋爱成瘾　/ 133

第三部分　讨好情绪

第 11 章　消极情绪恐惧症　/ 150

第 12 章　对愤怒的恐惧　/ 164

第 13 章　语言真的能伤人　/ 186

第 14 章　为了避免对抗，你愿意付出多大的代价　/ 200

第 15 章　前进一小步，做出大改变　/ 218

治愈讨好症的 21 天行动计划

21 天行动计划：使用指南　/ 222

第 1 天　别在想说"不"时却说"好"　/ 227

第 2 天　破录音带技术　/ 232

第 3 天　还价　/ 236

第 4 天　帮你说"不"的三明治技术　/ 240

第 5 天　反三明治技术　/ 246

第 6 天　重写讨好他人的 10 条戒律　/ 251

第 7 天　重写 7 个致命的"应该"　/ 256

第 8 天　自我照料　/ 261

第 9 天　说服自己摆脱认可成瘾　/ 265

第 10 天　做还是不做，这是一个问题　/ 270

第 11 天　点兵点将，就是你啦　/ 276

第 12 天　不够好也没关系　/ 284

第 13 天　愤怒量表　/ 289

第 14 天　呼吸放松　/ 296

第 15 天　燃起怒火　/ 299

第 16 天　平息怒火　/ 304

第 17 天　暂停　/ 310

第 18 天　压力免疫法　/ 319

第 19 天　协助朋友解决问题，而不是替朋友解决问题　/ 329

第 20 天　纠正错误的假设　/ 336

第 21 天　庆祝你的康复　/ 344

结语　/ 349

注释　/ 351

第1章

讨好症三角
做好人的代价

你有讨好症吗

如果你像大多数讨好者一样,你大概已经知道这个问题的答案了。如果你深受讨好症的困扰,那你可能对治疗更感兴趣,而不怎么在意诊断。

但是,请不要草草跳过本章。你会发现下面的小测验很有用处。这项测验不仅能帮你评估你的讨好问题有多深、多严重,还能让你明确自己患上讨好症的重要原因。

你很快就会看到,这些原因可以归为三大类:认知、习惯与情绪。了解你患上讨好症的主要原因,能帮你集中力量,稳步前进,尽快治愈讨好综合征。

这项测验里有24个题,能够评估你讨好他人的倾向,找出你患上讨好症的根本原因。读一读每个题，想想这些表述是否符合你的情况。如果符合或基本符合，就请圈上"是"。如果不符合或基本不符合，就请圈上"否"。不要过多思考，也不要尝试分析每个问题。只需要让答案反映出你快速、大致的判断：每句表述在多大程度上符合你的情况。

测验：你有讨好症吗

1. 让生活中的所有人都喜欢我，对我来说非常重要。　是　否
2. 我相信冲突不会带来任何好处。　是　否
3. 我的需求始终不如我爱的人的需求重要。　是　否
4. 我希望自己能够免受冲突和对抗的影响。　是　否
5. 我经常为别人做得太多，甚至任由别人利用我，这样我就不会因为其他原因而被人排斥了。　是　否
6. 我总是需要别人的认可。　是　否
7. 对我来说，承认对自己的消极情绪，远比表达对他人的消极情绪容易。　是　否
8. 我相信，如果我为别人多做事，他们就会需要我，我也就不会孤独了。　是　否
9. 我总是忍不住地为他人做事，讨好他人。　是　否
10. 我会竭力避免与家人、朋友或同事冲突或对抗。　是　否
11. 在我为自己做任何事情之前，我可能会做各种让别人高兴的事。　是　否
12. 我几乎不会为了保护自己而反抗别人，因为我太害怕招致别人愤怒的反应，或者引发对抗。　是　否
13. 如果我不把他人的需求放在我的前面，我就会变成自私

的人，别人也不会再喜欢我了。　是　否

14. 如果不得不与人发生对抗或冲突，我就会十分焦虑，几乎到了要生病的地步。　是　否

15. 我很难批评别人，哪怕是建设性的批评，因为我不想让任何人生我的气。　是　否

16. 我必须始终讨好他人，哪怕会让我自己难受。　是　否

17. 我必须一直牺牲自己，这样我才值得被爱。　是　否

18. 我相信好人会得到别人的认可、喜爱和友谊。　是　否

19. 我绝不能辜负别人对我的期望，即使我知道那些要求很过分、不合理。　是　否

20. 有时候，我觉得我会做很多让别人高兴的事，来"收买"别人的爱和友谊。　是　否

21. 如果我的言行可能让别人生我的气，我会感到非常焦虑和不舒服。　是　否

22. 我很少让别人帮我做事。　是　否

23. 当我对别人的请求或需求说"不"时，我会感到内疚。　是　否

24. 如果我不把所有的时间用来为身边的人做事，我就会认为自己是一个坏人。　是　否

计分与解释

你有讨好症吗？这个问题的答案取决于你的总分。把你选"是"的次数加起来，就得到了你的总分。要解释你总分的含义，可以参考下面的分数范围：

- 总分为16~24分：如果你的分数在这个范围内，说明你的讨好综合征根深蒂固，而且很严重。你可能已经知道，讨

好症正在严重损害你的身心健康,破坏你的人际关系质量。然而,你目前的痛苦可以成为你康复的强大动力,但你必须现在就行动起来,解决这个问题,重新掌控你的人生。

- 总分为10～15分:如果你的总分在这个范围内,你的讨好症症状已经较为严重了。你需要立即关注这种破坏性的模式,努力做出改变,以免问题恶化。

- 总分为5～9分:如果你的总分在这个范围之内,你的讨好症就处于中等程度。你已经有了一定的优势,对自我挫败的倾向有一定的抵抗能力。然而,讨好他人的习惯仍然在威胁你的健康与幸福。请培养你的优势,为完全康复而努力。

- 总分为4分或以下:如果你的总分在这个范围之内,你目前的讨好倾向可能很轻微——或者完全没有。然而,请注意,讨好症是一种自我延续的循环,能够迅速发展,剥夺你对自己生活的掌控感。如果你想采取预防措施,就应提高对于这个问题的意识,并学习康复的技术。

你属于哪种类型

为了明确你患上讨好综合征的主要原因,你需要把评估以下三种原因的题目分数相加。

1. 要想知道你是否更容易被讨好认知控制,就数一数你在1、3、5、8、13、17、18和24题中选了多少个"是"。
2. 现在,数一数你在6、9、11、16、19、20、22和23题中选了几个"是",看看讨好习惯是不是你的主要问题。

3. 最后，数一数你在 2、4、7、10、12、14、15 和 21 题中选了几个"是"，就能发现讨好情绪是不是你的主要问题。最高的得分能说明你患上讨好症的主要原因：

- 如果你在思维模式、想法量表上的得分最高，那你就是认知型讨好者；
- 如果你在习惯、行为量表上的得分最高，那你就是习惯型讨好者；
- 如果你在情绪、感受量表上的得分最高，那你就是情绪回避型讨好者。

最后，如果你有两三个量表得分并列第一，这就说明你的问题并非只有一个主要原因。对于你来说，这两个原因（甚至所有原因），都是讨好症的重要成因。

讨好症三角

现在，你已经找出了问题的主要原因，我们再来看看讨好症的这三个心理成分是如何结合在一起的。这三个部分分别是：①讨好认知，即扭曲的思维；②讨好习惯，即强迫行为；③讨好情绪，即害怕的情绪。

这些部分合在一起，组成了一个三角形，它的每一条边（习惯、认知和情绪），既是另外两条边的原因，也是它们的结果（见图 1-1）。例如，回避或害怕的情绪会驱使你做出强迫行为，而扭曲的、有缺陷的认知也会促使你做出这种行为。同样地，焦虑感会导致回避行为，而回避行为又与有缺陷、不正确的认知有关。

图 1-1 讨好症三角

> 讨好症三角表明，你可以在认知、习惯或情绪上做出微小的改变，从而在治愈讨好症的道路上取得巨大的进步。由于这三条边相互联系，任意一条边的微小变化都会引起整个综合征的改变。

既然你已经了解了你的讨好症三角的主要原因，你就能够主导你的改变过程，并优先考虑最为重要的因素。

讨好认知

有些讨好者之所以会患上讨好综合征，主要原因是扭曲的认知。他们陷入了沉重的、自我挫败的思维模式，这些思维模式导致他们的讨好症会不断地延续下去。如果你属于这类人，你的讨好症背后就有一种僵化的认知：你需要并且必须努力让每个人都喜欢你。你会根据你为别人做了多少事，来衡量自己的自尊，界定自己的身份。你坚持认为，别人的需求必须优先于你自己的需求。

如果你有"讨好认知"，你就会相信，做个好人能让你免受他人的排斥和其他伤害。你不但把苛刻的规则、严厉的批评和完美主义的期望强加给自己，同时也渴望得到所有人的接纳。简而言之，你的认知导致了你的问题；而且在很大程度上，你也需要借助认知走上康复之路。因此，你要想改变自己，就首先应该理解并修正自己的讨好认知。

讨好习惯

有些讨好者的讨好症，主要是由习惯行为引起的。他们不得不牺牲自己的需求，以照顾他人的需求。如果你是这类人，你会经常为他人做事，而且做得太多。你几乎从不说"不"，很少委托别人做事，并且难免投入过多精力，导致自己不堪重负。而且，尽管这些自我挫败、产生压力的行为模式损害了你的健康、你最亲密的关系，但这些模式依然牢牢地控制着你的行为，因为这些模式是由你过度的（甚至是成瘾性的）需求所决定的：你需要得到每个人的认可。如果你属于这种情况，那你就应该首先理解并改正那些自我挫败的讨好习惯。

讨好情绪

对于第三类讨好者来说，导致他们综合征的主要因素，是对恐惧和不舒服感受的回避。如果你属于这一类人，你就会意识到，仅仅是想到与他人发生愤怒的冲突，或者面临这样的可能性，都会让你产生高度的焦虑。

你的讨好综合征主要是一种回避策略，旨在保护你免于对愤怒、冲突和对抗的恐惧。但是，你可能已经知道，这种策略是有缺陷的。你的恐惧不仅不能减少，甚至还会加剧，因为回避的模式会持续存在。

因为你总是回避困难的情绪，所以你从没有让自己学会如何有效管理冲突，或者如何恰当地处理愤怒。如此一来，你就很容易放弃控制权，让别人通过恐吓和操纵来控制你。

所以，如果你的讨好症的主要原因，建立在情绪回避的基础之上，那么你个人的改变过程，最好始于处理你的讨好情绪。如果你能努力克服自己的恐惧，更好地理解和管理愤怒与冲突，就会带来巨大的回报。

最后要说的是，你的讨好综合征可能并没有一种最突出的主要原因（你的讨好三角并没有最突出的一边）。如果是这样的话，讨好他人的认知、习惯和情绪都可能是你问题的潜在原因。因此，你可以在这三个同等重要的领域中任选一个，作为你改变的起点。

尽管大多数讨好者都能找出自身问题的主要原因，但重要的是要记住，讨好症三角是由三个边组成的。你希望，也需要尽快找出解决这个棘手问题的有效办法。找到自己的主要原因，是帮助你找出重点、开始改变的最快方法。

然而，为了最终实现全面而持久的康复，你需要解决这三个方面的问题：认知、行为与情绪。为此，"治愈讨好症的 21 天行动计划"设置了广泛而全面的目标，旨在纠正有缺陷的思维模式，打破不良习惯，并克服恐惧的情绪——这三方面因素共同组成了这种顽固且令人沮丧的综合征。

讨好的隐性成本

讨好他人是一个奇怪的问题。乍一看，这似乎根本不是一个问题。事实上，"能让别人满意"可能更像是一种赞美，或是讨喜的自我描述。㊀你甚至可能会自豪地把"讨好者"这个称呼当作荣誉勋章。

毕竟，让别人快乐有什么错呢？难道我们不应该努力取悦我们所爱的人，甚至那些我们非常喜欢的人吗？如果有更多的讨好者，世界肯定会变得更美好……不是吗？

▶ 事实上，"讨好者"这个名字听起来挺好，但对许多人来说，其实是一种严重的心理问题。

讨好症是一种强迫性（甚至是成瘾性）行为模式。作为一个讨好者，你会觉得自己被一种讨好他人的需求所控制了，并且沉迷于获得他人的认可。与此同时，这些需求给你的生活带来了许多压力，提出了许多要求，让你觉得失去了掌控感。

如果你有讨好症，你对于讨好他人的需求，并不局限于对别人提出的实际请求、邀请或要求说"好"。作为一个讨好者，你的情绪"频道"就好像被卡住了一样，始终关注着你想象中别人对你的要求或期望。仅仅是意识到别人可能需要你的帮助，就足以让你的讨好反应系统开始超负荷运转。

你所面临的困境是，尽管你对他人的需求（无论是真实的，还是你感觉到的）十分敏感，但你常常对自己的内心声音充耳不

㊀ 在英文中，讨好者（people-pleaser）的字面意思就是"让别人满意的人"。——译者注

闻，而这种声音可能一直在试图保护你，让你不至于疲于奔命，做出一些损害自身利益的事情。

如果你患上了讨好症，你的自尊就会与你为别人做了多少事，你在讨好别人方面有多成功联系在一起。满足他人的需求就会变成获得爱和自我价值，保护自己不被人抛弃和排斥的神奇秘诀。但实际上，这个秘诀根本行不通。

讨好者十分需要获得他人（每个人）的认可，为了得到认可，他们几乎会不惜付出任何代价，但这种对认可的成瘾可能会让人寸步难行。例如，如果你试图满足几个人的需求，你就会感到顾此失彼；你对否定的害怕（需要认可的反面）就会让你举棋不定，陷入两难：你应该讨好谁？你应该如何选择？如果你最终让谁都不满意，那该怎么办？

好人付出的代价过于高昂

讨好者会特别执着于将自己视为好人，并执着于确保让他人也这样看待自己。他们的身份认同就源于这种好人形象。他们可能会相信，友善待人能够让他们不至于与家人和朋友陷入不愉快的情况，但实际上，他们为此付出的代价太大了。

首先，因为你太好了，其他人可能会因此操纵并利用你讨好他们的意愿。你的友善可能会让你对别人利用你的事实视而不见。此外，始终保持一副友善的样子，会阻止你表现出愤怒和不满，无论你的愤怒和不满有多么合理。

其次，你会避免批评别人，这样你就不会被人批评了。为了避免对抗，你很容易选择阻力最小的处世之道，心理学家将这种行为称为回避冲突。与批评一样，对抗与愤怒也是危险的情绪体验，为了避免这些体验，你几乎不惜付出任何代价。

被恐惧驱使

▶ 你友善的核心，是对消极情绪的深刻恐惧。

事实上，讨好他人在很大程度上是由恐惧情绪所驱动的：害怕被排斥，害怕被抛弃，害怕冲突或对抗，害怕批评，害怕孤独，害怕愤怒。作为讨好者，你相信友善待人，始终为他人做事，就能避免让自己和他人产生那些情绪。这种防御性信念具有一种双重作用。第一，你会利用你的友善来防止和躲避他人对你的负面情绪——只要你做个好人，总是试图做一些让别人高兴的事，怎么会有人想生你的气，排斥或批评你呢？第二，你投入了大量精力做个好人，所以你不允许自己对他人产生或表达消极情绪。

▶ 你越是认同自己是一个好人，而不去做一个真实的人，你就越会被挥之不去的怀疑、不安全感和难以摆脱的恐惧感所困扰。

被人接纳、得到别人的认可似乎总是遥不可及的愿望。而且，即使你成功地取悦了别人，你也会发现，你对排斥、抛弃或愤怒对抗的恐惧并不会减少或减轻。事实上，这些感受会随着时间的推移而变得更加强烈。

讨好症制造了一种心理障碍，既阻止你表达消极情绪，也阻止你接受消极情绪。因此，讨好症破坏了你竭力去维系与保护的关系。如果你不能表达消极情绪,你的关系就会失去真实性。你在别人看来,就像一个平面的纸板人像,而不是丰富的、多维的人,充满了各种有趣的方面与侧面。

在任何一段关系中,如果你的友善阻止你告诉别人,你为什么不开心、生气、难过或失望(或阻止你倾听他们的抱怨),那解决问题的可能性就很小了。成功的关系并不会回避冲突。相反,回避冲突是关系异常的一个严重症状。我们最好认识到,人与人之间必然会有消极情绪,你必须学会有效处理这些情绪。

消极情绪是人类与生俱来的。我们天生就会感到恐惧和愤怒;当别人试图伤害我们或我们所爱的人,我们天生就会做出防御性的反应。如果能够建设性地处理冲突,妥善地表达愤怒,冲突和愤怒就能成为在现实世界中与人交往的有力沟通工具。负责任地处理这些情绪,可以让你的关系保持良好的状态,让问题最小化,快乐最大化。

事实上,如果你忽视这些消极情绪,你就会付出代价。我们当中有多少人曾发现自己处于这样的境地:我们在表面上否定对他人怀有愤怒和怨恨,但在内心中却发现自己感到焦虑、恐慌和抑郁?

被压抑的消极情绪可能会以各种形式表现出来,如偏头痛、紧张性头痛、背痛、胃痛、高血压或一系列有压力相关的症状。而且,怨恨与沮丧会酝酿、发酵,有可能突然爆发,变成公开的敌意和无法控制的愤怒。最后,这些身体与情绪问题会对你的健康和最亲密的关系造成损害。

你并不孤单。成千上万像你一样友善的男男女女都患有讨好症,他们都能证明,这种问题对自己的情绪、身体和关系健康造成了破坏性的影响。牺牲自己的需求，强迫性地努力去满足他人的需求，只会让你容易受到压力和疲惫的影响。讨好者可能会倾向于用酒精或食物来自我疗愈，以便能够继续突破自己的极限，为他人做更多事情。很容易看出，讨好症在慢性疲劳综合征、酒精与物质滥用、进食障碍和体重问题中都产生了重要作用。

作为一个常年讨好他人的人，尽管你坚持不懈地努力让别人快乐，但你很少（甚至从未）对你自己所做的事情感到满意。你始终试图满足别人的需求，但这样的人却变得越来越多。你由此产生了很多压力，并且不可避免地耗尽了自己的精力。这会导致你产生深刻的内疚和自卑感。为了压抑这些感觉，你只能更加努力地讨好他人。

▶ 除非你采取行动，终止这种危险的循环，不再以牺牲自己为代价来讨好他人，否则你最终会走进死胡同。你会筋疲力尽，你可能会想彻底放弃自己。

你不必让事情发展到绝望的地步。你也不必隐藏自己的愤怒，让愤怒转向自己的内心，造成更加无力的抑郁。

如果你让讨好症的循环持续下去，这种自卑感、内疚和失败的感觉就会累积起来。久而久之，长期压抑的愤怒与怨恨就会变得有害，甚至可能破坏或毁掉你所珍视的关系。最终，你试图避免的抛弃——讨好者最终极的恐惧，就可能会变成可怕的现实。

"我为别人做了那么多，"我的一位患者痛苦地说，"却没有人愿意帮助我。我已经对每个人都那么好了，可人们还是不把我当回事。"

显然，从这个角度来看，讨好并不是一种无关痛痒的问题。

如果你有讨好症，你就不能再继续认为，自己只不过是一个好人，只是试图让太多的人感到快乐，或者为自己想要取悦的人做了太多的事情。

可是，这件从表面上看起来没什么问题（事实上，甚至很善良）的事情，是如何变得如此严重而危险的？讨好他人如何以及为什么会变得病态——转变为讨好症？

你现在已经知道，讨好症是一组自我挫败的想法，以及关于自己和他人的错误信念。这些想法和信念助长了强迫性行为，而你回避消极感受的需求，又驱动了那些行为。这种扭曲思维、强迫性行为和回避害怕的感受组合在一起，共同创造了讨好综合征，形成了讨好症三角。

但是，也有一个好消息：你可以阻止讨好症的发展，你现在就可以改变。要做到这一点，你只需要在任何一个方面做出小小的改变——习惯、认知或情绪。由于每次做出的小变化必然会引发连锁反应，你很快就会看到结果：你的讨好习惯就像多米诺骨牌一样节节败退。

在自己的情绪、认知或行为方式上做出更多的改变，能否带来更好的结果？当然可以。但你应该从小的改变做起，按照自己的节奏前行。

第一部分

讨好认知

我们现在来探讨讨好症的第一个方面：讨好认知。这种思维模式是你"思维设备"中的一部分，当你考虑取悦他人的时候，就会用上这种思维模式。快速检查一下这台设备，你就能发现许多类型的心理工具：思维模式、信念、自我强加的规则、对自己和他人的期望、对自我概念与自尊的评估，以及最重要的是，所有思维数据的加工方式。

▶ **讨好认知在逻辑上是有缺陷、不正确的。除了不正确之外，这种思维模式还具有破坏性和危险性，因为它们会导致抑郁、焦虑、自责和内疚的感觉，并且会让自我挫败的压力循环永远延续下去。**

你思考和加工信息的方式对你的感受有着巨大的影响。而且，作为一个有理性的人，你会依靠自己的思维来塑造和影响自己的行动，从而控制自己的行为。讨好认知是一种暗含危机的心理状态，因为这种思维模式允许你把自己的讨好习惯合理化、正当化，并支持这种行为，将其延续下去。这种思维模式还会让你继续回避消极的、害怕的感受，让你永远也学不会如何克服或管理这些感受。

你将会看到，有些讨好认知可能在童年时期是合适的，甚至是有益的。但在今天，大多数这类思维模式都不利于成年的你。你需要修复和纠正自己的思维错误，因为你现在的思维方式已经不再适合你了。相反，这些思维方式把你困在了讨好症的陷阱里。

打个比方，你的心理已经中毒了，或者至少是被你处理自己想法的错误方式所污染了。用现在的术语来说，你的心中有一种讨好他人的病毒，这种病毒正在扰乱你的大部分"硬盘"，其中包括你的感受，以及你与他人相处的方式。

例如，讨好认知会牢牢地依附在一种强制性的、友善的自我概念之上。你不仅希望人人都能认可你的那种无与伦比的友善，而且你也希望自己的内心总是感觉自己很友善。

友善是讨好者的心理盔甲。在你人格的深处，你相信只要友善待人，你就会得到爱和情感，你就不会受到刻薄、排斥、愤怒、冲突、批评和否定的伤害。但是，当你对另一个人产生消极体验的时候（这是必然的）——这是每个人生活中不可避免（反复发生）的一部分，你的思维模式就会让你承担罪责。这是因为在讨好认知中，如果被排斥或受到伤害，你会认为这是因为你不够友善。这种想法离自我挫败的抑郁只有一步之遥。

你将会了解到童年时期留下的奇幻思维。在这种思维方式里，友善具有保护你的力量。小时候，你的奇幻思维是正常的、可爱的，而且很可能是无害的。但现在，这种奇幻思维是不成熟的、不合适的。因此，这种思维方式不再适合你了。

对于讨好认知来说，另一个关键问题是，没有人（包括你自己）会认为你是一个自私的人。但是，你的自私的定义和范畴实在过于宽泛，而且在许多重要方面上都是错误的。合理的自利与自私之间有着巨大且重要的差别。你可能会选择做个"殉道者"，在家人和朋友的祭坛上牺牲自己的需求。但是，这样做，你不是在证明自己是无私的，只是在自我毁灭而已。

例如，只要重新定义自私或友善，并纠正你对这些概念的解读，你就会迈出第一步，让自己从讨好症的陷阱中解脱出来。

你可能长期以来一直有着讨好他人的想法和信念，以至于这些想法和信念现在对你来说似乎是正确的。但是，在你进入下一章前，你需要关注这样一个事实：讨好认知是错误的。

你在阅读这一部分时，你的目标应该是，理解为什么你的思维方式是错误的，以及它错在哪里。请坚定地告诉自己，你可以也应该纠正自己的想法。每一个关于思维模式的章节末尾，都有一个关于"态度调整"的内容，这能为你提供坚实、具体的指导，帮助你纠正、改变自我挫败的思维模式。

当你读到我在工作中治疗过的许多讨好者的案例时，你可能会发现自己与他们也有同感。有时候，我们能在别人身上看到我们在自己身上看不清的东西。当你回想这些案例研究，并思考我对这些案例的讨论时，请想一想这些信息能够如何直接应用于你和你的思维模式。这些材料将帮助你产生一些重要的见解，帮助你看清，用错误的心理模式来管理人际关系这种重要的事情，需要付出怎样的代价。

一旦你改变了自己的思维，你就能改变你的情绪与行为。记住，只要在思维上做出一种改变，只要迈出一小步，就会带来一系列的改变，最终让你从讨好症中康复。

第 2 章

有害的思维

虽然讨好者可能认为，他们很擅长让别人高兴，但他们真正擅长的是让自己感到痛苦不堪、力不从心。

现在，也许你已经意识到了，你有多么擅长让自己感觉糟糕。作为一个讨好者，你会用命令来强迫自己，用严格、僵化的个人规则来压迫自己，用不切实际的评判标准来衡量自己。而你所做的这一切，都是为了做个好人！

可是，你为什么不能对自己好一点呢？

有破坏性的"应该"

▶ 你之所以会那样做，是因为你的思维方式被苛刻而错误的"应该"式话语污染和扭曲了。

这种"应该""必须""理应"和"务必"渗透进了你的思维过程，它们就像病毒一样侵蚀了你的心理电脑，破坏了你感到快乐、满足、自信或成功的情绪能力。

在自己思维的不断压迫和苛刻评判下，你反而成了独裁统治的受害者。如果你不能完美服从你内心的命令，你就会让自己感到内疚、自责、沮丧和抑郁。如果别人不遵循你规则中隐含的期望，你就会感到愤怒、沮丧、失望，并谴责他人。

讨好的戒律

也许你还没有完全意识到你对自己有多苛刻。请看看下面列出的讨好的戒律吧。要努力满足这些要求，谁不会一直感到沉重的压力呢？

1. 我应该始终做到别人想要、期待或需要我做到的事情。
2. 我应该照顾身边的每一个人，不管他们是否要求我的帮助。
3. 我应该始终倾听每个人的问题，并尽我最大的努力去解决这些问题。
4. 我应该始终友善待人，不伤害任何人的感情。
5. 我应该始终把别人放在第一位，先人后己。
6. 我决不应该对任何向我提出需求或要求的人说"不"。
7. 我决不应该以任何方式让任何人失望。
8. 我应该始终保持快乐和乐观，决不应该对他人表现出任何消极情绪。
9. 我应该始终努力取悦他人，让他们高兴。
10. 我应该尽量不让自己的需求或问题成为别人的负担。

其实还有隐含的第 11 条戒律：我应该做到上述所有的"应该"和"不应该"，而且要做到完美。

致命的"应该"

讨好综合征涉及一系列期望：考虑到你有多友善，你有多努力想让别人开心，因此别人应该如何对待你。

许多对他人的期望都属于"隐性的应该"。也就是说，这种期待隐含在上述的明确戒律中，或者应该是那些戒律的推论。然而，关于他人的七种致命的"应该"都是强制性的要求，如果他人没能完全满足这些要求，就必然会让你对他们产生消极情绪。

当然，表达对他人的消极情绪（比如愤怒、怨恨或失望），是讨好他人的第八条戒律所明令禁止的：你应该始终保持快乐，决不应该对他人表现出任何消极情绪。这个作茧自缚的陷阱最终所导致的结果是：①为自己对他人的消极情绪而内疚；②责怪自己没有足够努力地取悦他人，没能始终得到他们的积极对待。

以下是关于他人应该如何表现的讨好规则：

1. 别人应该感谢我，爱我，因为我为他们做了很多事。
2. 别人应该始终喜欢我，认可我，因为我很努力地取悦他们。
3. 别人不应该排斥我或批评我，因为我总是努力不辜负他们的愿望和期望。
4. 别人也应该善待我，关心我，因为我对他们很好。
5. 别人决不应该伤害我，或不公平地对待我，因为我对他们很好。

6. 别人决不应该离开我或抛弃我，因为我让他们很需要我。
7. 别人决不应该生我的气，因为我会尽一切努力避免与他们发生冲突、对他们生气，或者与他人对抗。

这些关于他人应该和不应该做什么的规则，揭示了讨好的防御性特征。毫无疑问，讨好、帮助或满足他人的需求，会给你带来快乐和满足。然而，防御性的讨好模式似乎能够防止他人做出消极反应，你只需要以友善作为交换，这似乎是一种更强烈的动机。

然而，这种模式是有缺陷的。

停止"应该"和"必须"

我们可以很容易地把这七个致命的"应该"改称为"偏好"。例如，"我希望别人不要排斥我"。与禁止别人这样做的禁令比起来，这就是一个更切合实际的说法。这样也就允许另一个人可能会因为个人的成见或偏见而排斥你，而不是因为你的缺点。

表达这样的偏好——"我更希望别人，尤其是我爱的人和我待在一起，不要抛弃我或排斥我"，远比禁止别人离开你（只是因为你规定他们不能）是一个更加理性的表述。后一种指令意味着，你可以完全控制别人能做什么、不能做什么——显然你做不到。然而，关于"偏好"的表述则包含了一种不言自明的、准确的承认：其他人拥有做出选择的自由意志，即便他们可能会让你失望或伤害你。

戴维·伯恩斯博士（David Burns）和其他认知疗法[1]（一种广泛使用的治疗方法，旨在改变产生消极心境与消极情绪的错误思维）的实践者将"应该"式的表述视为患者思维中的典型错误，这种错误会导致抑郁、焦虑和其他心境问题。（"应该"式表述是一个综合性概念，包括了所有以"应该""应当""必须""务必"等词开头的命令式话语，也包括"不应该""一定不能"等否定表述。）认知疗法会教导患者用更灵活、更准确的"偏好""接纳"和"容忍"式表述，来代替他们僵化的命令。

过度使用"应该"式表述，会破坏心理健康与幸福，这种观点并不是随着20世纪70年代认知疗法的出现而出现的。1937年，精神分析的伟大先驱之一卡伦·霍妮博士[2]（Karen Horney）创造了"应该的暴政"一词，她指的就是个人规则对人的奴役。

理性情绪行为疗法（现代认知行为疗法的先驱）的创始人阿尔伯特·埃利斯博士（Albert Ellis）[3]则玩了个文字游戏，将这些词改作动词，如用"应该"（should-ing）和"必须"（must-urbating）来做动词，以表达这种个人要求的强烈、破坏性影响。

根据埃利斯的说法[4]，"友善的神经症患者"（他口中的这个包罗万象的词语，几乎囊括了所有深受焦虑、抑郁和其他消极心境状态折磨的人）是"自寻烦恼的生物"，他们相信三个主要的"必须"或"应该"，把自己弄得痛苦不堪：

1. "我必须表现优异，取悦他人，或者被重要他人喜欢，否则我就毫无价值。"（这条命令会导致抑郁和焦虑。）
2. "你必须用和善、温柔或赞许的方式对待我，否则你就大错特错、卑鄙刻薄。"（这条命令会导致愤怒、指责和失望。讨好者可能会责怪自己不够友善，或者没有足够努力地取悦他人，因此无法赢得别人的认可和善待。）

3. "生活中的现状必须或应该是我想象的那样，否则就太可怕、太糟糕了。"（这条命令会导致沮丧、恐惧、困惑、责备、愤怒、焦虑和抑郁。）

由于这些"必须"和"应该"建立在强烈的需求与欲望之上，所以埃利斯坚持认为，相信这些是人类的天性。因此，问题不在于欲望或需求本身，而在于我们将其视作强制性的要求，或者坚持事情必须或应该是那样的。

埃利斯和其他认知治疗师建议，你可以使用反映你欲望或愿望的表述，来代替"应该"式的命令——就像我刚刚所展示的那样，七个致命的"应该"能够很容易地转述为"偏好"，而不是"应该"。当你这样做的时候，不恰当的期望与现实发生冲突时所产生的消极情绪反应也会发生改变，往往会完全消失。

例如，即使你想方设法地取悦别人，别人也没有理由一定要爱你、重视你。但是，如果你能得到他们的爱，那就太好了。如果别人因为你这个人（包括你善待他人时表现出来的友善）而爱你，而不是因为你不得不为他们做的那些事情，那就更好了。

同样地，你可能希望成为别人可以依靠的朋友。然而，强迫自己永远不该说"不"，或者永远不应该让别人失望，则是一个过于苛刻的要求。考虑到生活中的意外与需求，你根本无法做出这种保证。然而，通过表达自己的意图和偏好，表示自己愿意做个可靠的人，愿意支持朋友，那你就允许现实出现这种可能：有时候，由于你无法控制的因素，或者仅仅是出于自我保护，你可能需要说"不"。

▶ **不管你怎么努力，你都不能将自己的意志强加给这个世界。**

如果你坚持对自己、他人、世界或生活抱有刻板的期望,就只会产生困惑、沮丧、气馁,甚至更糟。

如果你要求别人、世界或生活用某种方式来对待你,你就会让自己感到愤怒、失望和抑郁,因为这一切必然不会或不能服从于你的意愿。而且,如果你要求自己做出某些行为,产生某些感受(尤其是,如果你的要求是不切实际、无法实现的),你就会让自己产生内疚感、自卑感。

归根结底,你真正应该做的唯一一件事,就是从你的思维中尽可能地剔除这些"应该"。如果你用请求、愿望或偏好来代替那些苛刻的"应该",你就会收获情绪上的益处。

你是在提建议,还是在把你的"应该"强加于人

虽然你可能多少已经意识到了,你把苛刻的规则强加给了自己,但你可能意识不到,你对别人也很挑剔,也有许多评判。但是,当你建议别人应该做什么,不该做什么的时候,实际上是在将自己的严苛规则分享给别人,此时你善意的帮助很容易被人误解为自以为是的否定、优越感、严厉的批评,甚至谴责。

琼,48岁,有两个已婚的儿子和一个正在上大学的女儿。有生以来第一次,她决定寻求心理治疗,因为在上一个假期期间,她患上了一种折磨人的抑郁症。琼说,她的情绪问题是从圣诞节开始的,直接原因就是一年一度的家庭节日聚餐上的谈话。

"我们全家都回家过节了,"琼说道,"我们吃着我

准备的美味晚餐。我的两个儿媳、儿子、女儿、我的丈夫，还有我们的小孙女都在。"

"在吃晚餐时，我说了一些话，大意是说，我认为我是个善良、接纳、宽容的人。全家人都笑了。我是唯一不懂这个笑话的人。"

"我坚持要他们告诉我，这有什么好笑的。我的儿子和女儿说，我是他们见过的最爱评判、最固执己见、控制欲最强的人！他们告诉我，我总是有一大堆没人想听的'免费建议'。我女儿说我是'只会说应该的对讲机'。她甚至模仿了我，'你应该做这个，你不应该做那个'，让每个人都哄堂大笑，只有我笑不出来。实在是太难受了！"

"我的两位儿媳要委婉一些，但就连她们也表示同意。她们说，她们知道我的本意是好的，我是在试图支持别人，帮助大家解决问题。但她们都说，我让她们觉得，她们达不到我的高标准，而我的做事方式是唯一正确的方式。而且，她们不喜欢我告诉她们，如何让我的两个儿子——她们的丈夫高兴。"

"我当时崩溃了，"琼总结道，"我从来没有意识到，我的'帮助'对人们产生了负面影响。我爱我的家人和朋友。我丈夫总是说，我为每个人做得太多了。我时常意识到，我的某个孩子或朋友似乎在生我的气，或者对我有些恼火，但我从来不明白为什么。我曾经认为，这是因为我做得不够，没有提供足够的帮助和支持，或者是我只是太诚实地表达了我自己的观点。现在看来，我所有的努力都白费了。我觉得自己很糟糕,我几乎下不了床。"

一旦琼明白了她的意图是好的,但她的做事方式有问题,她的治疗就出现了转机。她还意识到,她的"应该"式规则源于她自己的母亲。她承认,她母亲就曾不断提出"有益的建议和建设性的批评",让琼和她的姐妹产生了类似的自卑感和怨恨。

在琼结束治疗的时候,她说:"尽管非常痛苦,但我认为,我的家人可能给我送出了那天晚上最棒的圣诞礼物。他们让我知道,我是如何把我的规则强加给每个人的,这是我最不想对我爱的人做的事。"

当朋友和你爱的人遇到问题时,你可能会像琼一样,希望支持他们。但是,如果你把自己的"应该"强加给别人,就可能造成意想不到的后果——他们可能会感到沮丧和恼火,因为你让他们觉得,他们做得不好,因为这不是你的做事方式。

你也可能在强行催促别人解决问题,或者过于草率地去"搞定"事情,而他们只是需要你做一个有同情心的倾听者。通常,最有效的支持就是做一面好的回音壁,把你听到的话反馈回去,并且为你的朋友和家人创造一个安全的环境,让他们按照自己的节奏和方向来思考和解决问题。

正确思维的力量

在"讨好的戒律"与"致命的'应该'"中,不但包括严格而不恰当的命令，还包括其他错误的思维方式，这些思维方式也导致了消极情绪。"应该"式表述中包含了一些夸张的词，例如"始终""决不""每个人"，这使得完成这些不切实际的命令变得更加艰难、更不可能。

绝对化的字眼和夸张的用语，是思维扭曲的表现。而且，扭曲的思维在抑郁、焦虑和其他消极情绪状态中也发挥着重要的决定作用。虽然情绪没有对错之分，但你的想法有正误之别。尽可能地保持思维理性、合理和准确，能够让你最大限度地减少情绪上的不适感和消极感。

如果你对自己和他人的信念是准确的，这些信念就能为你的内在体验和社会性活动指明方向。就像拥有一张好的地图，你就能知道自己在哪儿，要去哪儿，尤其是在和其他人相处的时候。相反，如果你的想法不准确，你理解自身和他人的能力就会受损，你的方向感、定位能力就会被不准确的地图所干扰。

当然，过度讨好他人才是问题所在。如果你能有所为，有所不为，适度取悦他人，你就能走上治愈讨好症的道路了。

对于你那些讨好他人的想法，你可以用更有余地的语言代替"始终"和"决不"，如"大多数时候""有时"或"很少"，这样你就能减轻许多压力了——你之所以会有这些压力，是因为你的时间捉襟见肘，你的精力难以为继。

最后，七个致命的"应该"中还包含了一些"条件条款"，将你对别人的期望（他们应该如何对待你）与他们的义务（你认为，这些义务是由你讨好他人的努力所创造出来的）联系在了一起。这些条件性的规则体现出了一种权利感，甚至还有一种潜在的操纵意味。

想象一下，如果你直接对另一个人发出指令："你必须喜欢我，因为我为你做了那么多好事。"对方会有何反应？如果你能大声说出来，你规则中的强制性就会变得非常明显。

除非别人明确同意喜欢你，或者用积极的方式对待你，从而换取你对他们的讨好，否则你的条件就是单方面的，很可能注定无法如你所愿。别人喜欢你、重视你也许是件令人愉快的事，但无论你对他们有多好，他们都没有默认的义务来喜欢和重视你。

▶ **因为你为别人所做的各种事情，就坚信别人应该如何对待你，只会让你对那些人感到失望、愤怒和怨恨，也会让你对其他人的幻想破灭。**

此外，条件性思维是一个陷阱，还会让你陷入对自己和他人的指责之中。如果你坚持错误的逻辑，认为只有你做得够多，让别人高兴，别人才会对你好，那么当别人让你失望时，你就会觉得你只能责怪自己。

过往的声音

如果你在自己的想法或自言自语中听到"应该"式的命令，那么你听到的就是良心发出的评判的良心。这种声音融合了你的父母、老师、哥哥姐姐、教练或其他权威人士的声音，他们在你生命的不同阶段，为你制定了伴随终生的规则。

作为一个讨好他人的成年人，你的良心仍然会引导你去满足别人的期望。你表现出了一种意愿——愿意把他人的需求看得比自己重要，这样一来，你就继续赋予了别人权威的地位。尽管你在照顾别人的时候，往往觉得自己像父母一样，在履行和承担你作为成年人的义务与责任，但你的良心仍然把你当作一个听话或不听话的孩子。

如果你恪守那些"应该"的严苛规则，你的良心就会给你象征性的鼓励。但是，如果你没能遵守那些规则，你的良心就会让你自责，产生内疚。

作为一个讨好者，你的良心会给你双倍的惩罚。因为你会根据别人是否对你满意（而不是你是否对自己满意），来衡量自己的表现，所以羞耻感会进一步加重你的内疚。如果你对自己失望，就会产生内疚；如果你相信别人因你失望、对你失望，就会产生羞耻感。

作为一个讨好者，尽管你讨厌批评别人，也不喜欢受到别人的批评，但你攻击起自己来，可能会变得非常残忍。通常情况下，你除了会说更多的"应该"和"不应该"（"我应该做得更多""我不应该生气或怨恨"，等等），你的自我批评式独白里还可能充满了其他导致抑郁的话语和扭曲的想法。

你可能会用"自私""以自我为中心""不可爱"这样的标签，或者用更粗俗的"浑蛋""蠢货"或"傻瓜"来斥责和侮辱自己。而且，你会把自己置于显微镜下，放大或夸大自己眼中的不足或缺点，而对别人的疏忽或错误却睁一只眼，闭一只眼。

讨好症患者的完美主义

讨好症的患者很少（甚至不会）对自己感到真正的满意和满足。作为一个讨好者，你想要并需要获得每个人的认可，但你却从不认可自己。

每一天，你都在百般努力地取悦他人，试图证明自己的价值。显然，在你心中并没有能够记住善行的"蓄水池"。无论你在过去做过多少善行，为别人付出过多少，你在今天却表现得好像你的价值永远在受到质疑。每当别人提出新的要求，表达新的需求，都是在重新考验你的价值，而你必须竭尽全力去满足他们。就好像你每过一天，银行账户就会自动清零。

促使你不断努力讨好他人的原因，是一种无处不在的自卑感。这种感觉中包含了挥之不去的怀疑和长期的猜测，你觉得自己可能做得不够，努力得不够，付出得不够，或者说"好"的次数不足以真正让他人满意。

然而，这种令人不安的自卑感，并非源于你在讨好他人方面不够努力，或者能力不足。这种自卑感的真正来源，是隐藏在你"应该"式规则里的完美主义。

还记得附加的第 11 条戒律吗？"我应该做到上述所有的'应该'和'不应该'，而且要做到完美。"你对自己持有的完美主义标准，可以从两个方面看出来。

首先，你要求自己在任何时候都要取悦每个人。其次，你要求自己在任何时候都要保持积极的情绪状态。因此，即使你在疲于奔命地讨好他人，否定自己的需求，你也要呈现出快乐和乐观的面貌。即使你的真实情绪不小心跑了出来，你也绝不能对其他人表现出消极情绪。

▶ **坚持这样的完美主义标准，无异于在情绪上自虐。**

如果这听起来过于夸张或极端，那就想象一下这样的母亲，她会教导孩子要满足各种要求。"你必须永远让我高兴。"这位母亲严厉地对年幼的孩子说,"你要执行我提出的每一个要求,发出的每一条命令,无论你在做什么,或者有什么感觉。而且,你必须一直微笑,保持快乐。如果我听到你在抱怨,或者表现出任何不高兴的情绪,你就会受到惩罚。如果你不能做到十全十美,我就不会再爱你了。还有什么问题吗?"

这听起来就像童话故事中刻薄的继母能说出来的疯话。或者,在更黑暗的现实生活中,说话的人可能是一个自恋的"慈母",她正在情感上和心理上虐待孩子。当然,你对自己说的话,可能不像这个想象中的"母亲"那么直白,但那种完美主义的期望,以及你对自己的评价标准是类似的。

▶ **在生活中的各个领域设立高标准,在本质上并没有什么错误或不健康的。然而,追求完美是一种让人沮丧、注定失败的做法。相反,追求卓越则会让人充满动力,因为这种目标是可以实现的。**

──────── **态度调整:讨好症里的破坏性"应该"** ────────

请着重阅读下面对于错误态度的纠正,以便对抗那些破坏性的"应该"。与此同时,请记住阿尔伯特·埃利斯的建议,不要用"应该"的态度去对待自己和他人,也尽量避免"必须"。

- 每当你的思维被"应该""必须""应当""务必"污染的时候,你的思维就会变得僵化、不灵活、极端。有益的理性思维是灵活、适度和平衡的。
- 把你的"应该"强加给别人,是一种强迫和控制。相反,你可以试着用"我更愿意……""如果……可能更好""如果你……我会更喜欢"这样的表述,而不是用"你应该"和"你不应该"那种控制和强迫的表述。
- 讨好的十条戒律与七个致命的"应该"是僵化的规则,几乎不可能做到,也不会让你快乐。对于你希望如何对待他人,以及希望他人如何对待你,如果你有了可以做到的、更现实的指导方针和原则,你的日子就会变得好过得多。
- 你不必把任何事情做到完美,包括讨好他人或保持完美的积极情绪。追求完美会令人沮丧。追求卓越则会让人充满动力。

第 3 章

不够好也没关系

如果必须用一个词来概括一个讨好者的人格，那这个词就是好（nice）。但是，如果你有讨好症，那好就不仅仅是一种人格描述了。"好"是一种完整信念系统的代表，这个信念系统决定了你会如何与他人相处，以免让坏事发生在你身上。

然而，不幸的是，这种方法并非总是有效的。你大概已经知道了，好人也会遇坏事。虽然他们可能不应该受到这种对待，但好人有时会受到别人的排斥、抛弃、蔑视、不喜欢或伤害。而且，好人也经常被看似自我强加的情绪负担所困扰，比如担心、焦虑、抑郁，甚至惊恐发作。

卡罗琳 9 岁时，她的母亲被诊断出了乳腺癌。她能清晰地回想起她与父亲和母亲的医生之间的谈话。谈话的内容是，让母亲保持快乐，让她没有压力，对于她的康复十分重要。由于害怕母亲去世，卡罗琳相信，母亲的生存取决于她能否做个好女孩。

在发现母亲乳房肿块的几周前，卡罗琳因为在学校操场上取笑一个残疾儿童而受到了老师的严厉批评。老师给卡罗琳的父母写了一封严厉的信，详细叙述了这件事，要求她的父母来学校参加一个关于他们女儿行为的会议。

当卡罗琳的父母收到这封信时，他们对女儿非常不满。

"我们试着教你做一个好人，友善对待每个人，"她母亲含着泪说，"现在，我发现你竟然用如此残忍、刻薄的行为对待那个坐着轮椅的可爱小女孩。你父亲和我都为你感到羞耻。"她最后总结道。

作为惩罚，卡罗琳一周都不能在外面玩，只能待在房间里，反思她的不友善行为给那个小女孩造成了多大的伤害。卡罗琳的父母还要求她写三封道歉信：一封给那个残疾的孩子，一封给那个孩子的父母，第三封给她自己的父母，因为她让父母深深地失望了。

在她的信中，卡罗琳表示，她为自己的"不友善"和伤害另一个女孩的感情而感到抱歉和羞愧。她向自己的父母发誓，再也不会对任何人刻薄或不友善了。卡罗琳回忆说，她感到非常内疚和懊悔。

在她年幼的心中，卡罗琳认为自己对母亲的疾病负有直接的责任,因为在操场上发生的那件事让她的父母都很难过。毕竟,医生不是说,她母亲需要保持平和快乐,才能完全康复吗?卡罗琳推断,如果没有压力,母亲的病就能好,那么压力过大、感到难过,一定就是她母亲当初生病的原因。

在母亲生病的几个月里,卡罗琳每天在祈祷时都会发誓,只要母亲能活下来,她就永远做一个好女孩。她向自己保证,只要妈妈不死,她就再也不会欺负或戏弄任何人,包括她的弟弟。

幸运的是,卡罗琳的母亲活下来了。但是,卡罗琳成了一个讨好他人的专家。即便已经长大成人,卡罗琳仍然相信,只要做个好人,她就可以防止坏事发生。相反,如果她偶尔意志松懈,说出了不友善的话,或者对家人、朋友或员工发脾气,她就会担心招致可怕的后果。

虽然卡罗琳的反应有些极端,但几乎每个讨好者都固执地把自己看作一个好人。无论别人对讨好者说什么,做什么,他们骨子里的友善都会禁止他们用负面的语言回应。一般而言,友善的讨好者甚至不会承认他们对别人有消极的想法或感受。

但是,做个好人要付出极大的代价,你不应该再付这种代价了。如果你能赞同"不够好也没关系"这句看似简单的话,你就在治愈讨好症上取得了巨大的进步。

不过,你首先需要通过下面这个小测验,来评估你当前的思维中有多少对于"好"的执念。

测验：你有多"好"

阅读下面每一句陈述，并判断这句话是否适用于你。如果符合你的情况，就在那句话后面圈出"是"；如果与你的情况不符或基本不符，就圈出"否"。

1. 我为自己是一个好人而自豪。　　是　否
2. 对我来说，拒绝别人是非常困难的，不管我多么应该拒绝他。　　是　否
3. 我可能在为别人做好事方面做得过了头。　　是　否
4. 对我来说，承认对自己的消极情绪，比表达对他人的消极情绪要容易得多。　　是　否
5. 如果事情出了问题，我常常觉得是我的错。　　是　否
6. 我相信我应该一直做个好人。　　是　否
7. 我可能会为别人做得太多，对人太过友善，甚至任由别人利用我，这样我就不会出于别的原因而被人排斥。　　是　否
8. 我真心相信，好人能得到别人的认可、喜爱和友谊。　　是　否
9. 我认为，对别人表达愤怒是不友善的。　　是　否
10. 我不应该对我爱的人生气或发脾气。　　是　否
11. 我害怕如果我对别人不好，我就会遭到忽视、排斥甚至惩罚。　　是　否
12. 我认为我应该一直友善待人，即便这意味着允许别人利用我的善良本性。　　是　否
13. 友善待人，做一些让别人高兴的事，是我保护自己不被排斥、否定和抛弃的方式。　　是　否
14. 如果我批评别人，我就会认为自己不够友善，即使他们应该批评。　　是　否

15. 我会试着做一个好人，这样别人就会喜欢我了。　是　否
16. 有时我觉得我需要通过做一些让别人高兴的好事，来"收买"他们的爱和友谊。　是　否
17. 通常情况下，做个好人可以防止我对别人表达消极情绪。　是　否
18. 我相信别人会说我是一个有礼貌、讨人喜欢、随和的人。　是　否
19. 我认为我的朋友应该喜欢我，因为我为他们做了那么多好事。　是　否
20. 我希望每个人都认为我是个好人。　是　否

计分与解释

把你选"是"的次数加起来，这就是你的总分。

- 总分为14～20分：你过度友善了。你的善意很可能对你的人际关系和情绪健康产生了消极影响。你为友善付出的代价太大了。如果你把自我概念的核心——"好"换成不那么自我挫败的特质，就能加速你的康复。

- 总分为8～13分：你的讨好问题与你过分需要友善待人有关，你因此常常无法善待自己。放弃"好"的自我概念，能加速你的康复。

- 总分为5～7分：你仍然关注自己在别人眼中是否友善，不过与大多数讨好者相比，这种关注要少一些。请发挥自己的长处——但记住，友善不是其中之一。你仍然很接近心理上的危险区，应该留心自己过于友善、自我牺牲的倾向。

- 总分为4分或以下：作为一个讨好症患者，你对于友善待人的关注少得出奇。请自查一下，确保你没有陷入否认事

实的陷阱。但是，如果你真的克服了牺牲自己、对人友善的需求，那么你在康复的道路上已经取得了长足的进步。继续发挥自己的长处。

讨好 = 做个好人

作为一名从业 25 年的心理学家，我可以向你保证，人格往往是非常复杂和有趣的，不能简化为任何单一的形容词或描述语，比如"好"。尽管如此，我确实知道，如果你在很小的时候就被赋予了某种人格特质，并且这种特质因而成为你自我概念的核心部分，那么这个标签将对你一生的思维、情绪和行为产生强烈的影响。

"好"是父母、老师和其他成年人给乖孩子贴上的标签。"你可真是个好女孩！""好男孩！"这是我们经常听到的表扬形式。也许你自己也说过这些话。

父母和其他重要的成年人也会使用"好"这个词（比如"你应该做个好孩子"），因为这个词意味着有教养、有礼貌、举止得体；归根结底，意味着能被社会接受。这个词也会被用来制止某些行为（尤其是被用在青春期女孩的身上），用来评判行为是否合乎道德，比如"好女孩不去酒吧"或"好女孩不会和别人发生性关系"。

然而，有趣的是，如果我们说某个成年人很"好"，往往却不是在夸奖他，甚至是在贬低他。请想一想，有些主观描述后面经常会出现一个限定语，比如"她很好，但是……"或"他是个好人，但是……"这种表示转折的"但是"通常预示着接下来会出现某些消极的性格品质。

字典将"好"定义为"令人愉快"或"讨人喜欢"。可想而知,作为讨好者,这就是你自我概念中的核心。然而,即便在最好的情况下,"好"作为一种性格特征和自尊的来源,它的价值也是模棱两可的,可你为什么要将"好"作为不可动摇的行动准则呢?为什么不"好"的行为会让你产生那么多的焦虑与不适?

"好"是一种情绪盔甲

要回答那些问题,就要理解这一点:作为一个讨好者,在你的信念体系中,"好"具有保护作用。考虑到"好"能为你提供人际关系上的保护,它的价值远远超过了一种性格特征。

> ▶ 具体而言,讨好者相信,只要做个好人,他们就能避免痛苦的经历,包括排斥、孤立、抛弃、否定和愤怒。毕竟,如果你不惹是生非,其他人也不会想找你的麻烦。

但是,讨好者通常好得过了头。他们费尽心机,以确保自己不仅被视为普通的好人,而且要成为特别好的人。为此,讨好者往往会竭尽全力,付出过多的努力,做出关心和体贴的夸张姿态。极端的友善有一种明显的保护作用:毕竟,如果你对别人那么好,付出那么多,又有谁会想伤害你呢?

想一想你在本章前面测验中的答案,尤其是你对第7、8、11、13、15、16、19题的回答。如果你至少在其中的一些表述中看到了自己的影子,那么你就在将"好"作为一种人际保护,至少在一定程度上如此。如果你认同上述所有7种表述,那你显然希望通过善待他人，赢得他们的感激、喜爱和接纳。也就是说，你相信（并希望）通过做个好人，你的友善和善意能保护你不被排斥、抛弃和否定，或者受到其他情感上的伤害。

从表面上看，这种信念体系似乎既合逻辑，也有道理。事实上，著名的科学家、哲学家、现代压力与压力所致的疾病的概念奠基人汉斯·谢耶博士（Hans Selye），也在一定程度上支持这种信念。谢耶认为，人类保护自己的最好方法就是善待他人，为他人付出。谢耶相信，这是一种至关重要的生活方式，因为他人造成的压力是致命的。[5]〔几年前，我写了《致命的恋人和有毒的人：如何在致病的关系中保护你的健康》[6]（*Lethal Lovers and Poisonous People: How to Protect Your Health from Relationships That Make You Sick*）一书，这本书就探讨了这类有害的人际关系。〕

谢耶将他的压力管理哲学称为"利他的利己主义"（altruistic egoism）。这个拗口的短语的意思是，通过你慷慨的品格与行为赢得他人的好感，你实际上是在为自己谋利益。谢耶认为，如果你善待他人，为他人付出，其他人就会以同样的方式回报你，这样就不会给你带来压力。

那么，讨好者所认为的"'好'就是保护"，与谢耶博士关于"利他的利己主义"的明智建议之间有什么区别呢？谢耶博士明白，做个好人不能随时保护你免受任何人的伤害。他坚定地相信，有些人既有能力也有意愿去伤害你的感情——无论你对他们好不好。这可能是因为，那个人在本质上是可恨的，充满了偏见或固执；也可能他对你怀恨在心，想要通过惩罚你来报复；或者仅仅是因为他在情感上不够健康或不够成熟，无法接受和回报爱。

相比之下，讨好者则把"好"作为一种信仰。他们为"好"赋予了一种神奇力量，以为这样能避免他人的刻薄与伤害。在讨好的逻辑中，如果"好"不能保护你免受人际中的轻视或伤害，那你一定不够好，你必须做得更多！

你还记得你那些"奇幻"想法吗

有种令人信服但有缺陷的信念认为，做个好人能保护你不受他人的伤害。这种信念的根源，就是童年时期的奇幻思维（magical thinking）。"奇幻思维"指的是一种无法区分想法与行为的思维模式。在这种思维模式里，想法与行为具有一样的效果。

当然，如果这是真的，几乎每个能思考的人都会具有神奇的力量。在儿童惊险刺激的心理世界里，许下一个简单的愿望就能让想法成真。

小孩子经常用他们天生的奇幻思维来驱除恐惧。在孩子的心中，他们会制订有条件的协议，以便维持虚幻的控制感。例如，孩子可能会和想象中的壁橱里的怪物做交易："如果我去睡觉，让所有的灯都亮着，你就不能出来伤害我。"

同样地，孩子可能会通过讨价还价来否定父母离婚的可能性（这种可能性非常真实）："如果我很乖，做好父母让我做的所有事，他们就不会分开了。"我们很容易理解，"做个好人"是如何融入孩子的那一套奇幻契约的——这种契约承诺保护他们免受伤害。

在正常情况下，等到大约七八岁的时候，孩子就会明白，在想法和行为之间、希望与让事情真实发生之间是有区别的。到了青春期，大多数奇幻思维就已经转变为基于现实的计划和行为了，或者转变为文化上可以接受的形式，包括信仰和祈祷。

然而，有些孩子般的思维方式（有些奇幻思维）可能会一直伴随着你，即便你已经长大成人。特别是，如果这样的想法能够缓解恐惧和焦虑，它们就能持续好几十年。如果你用逻辑与成年人的现实来严格审视这些想法，你可能就会知道，它们根本没有道理。然而，你仍然指望着它们所承诺的保护。

因此，相信"好"的保护力量，是童年时奇幻思维的延续。对于排斥、抛弃、孤立、否定（以及这些体验带来的抑郁和情绪痛苦）的恐惧，现在成了需要被关起来的"怪物"。然而，对排斥、疏远和孤独的恐惧有着现实的基础，而不是幻想中的恐惧——比如孩子想象中的衣柜里的怪物。

你还有"奇幻"想法吗

对孩子们来说，做个友善或好的孩子，与避免糟糕的结果之间是有联系的，这并不是奇思妙想，而是有着坚实的现实基础。大多数孩子会通过直接的经验来学习，如果他们遵守父母的规则，满足父母的喜好（也就是说，如果他们做个好孩子），他们就能得到表扬并（或）避免惩罚。此外，孩子们也一再被告知，如果他们违反规则，挑战父母或学校的规矩，他们就不好，就会受到管教和惩罚。因此，做个好孩子至少能避免一些坏事的发生，这是非常真实的。

年幼的孩子会往现实的基础上增添一些奇幻思维以及幼稚的

全能感，夸大了"好"的保护作用。这就意味着，他们可能会在想象中为"好"赋予一种力量，认为"好"能抵御所有他们无法控制的不良后果。例如，这样的孩子可能会试图在内心中承诺做个好孩子，来阻止父母离婚。

正如我们之前在卡罗琳的案例中所看到的，如果一段特别有破坏性的、痛苦的或创伤性的早期生活经历，与"好"的保护性力量联系在了一起，那这种力量就会产生持久的影响。如果在孩子的脑海中，做个好孩子真能防止或减轻一段糟糕经历的痛苦，孩子就会更加笃信"好"的力量；或者，与此相反，如果做或想一些不好的事情就会带来创伤，那也会如此。

多年来，我治疗过许多讨好者，他们对于"做个好人"的需求都可以追溯到他们对于某段创伤经历的幼稚分析。在某些案例中，如卡罗琳的案例，家人或孩子本人患上了一种非常严重的疾病。还有些案例中，可能发生过致命或致残的事故，或者有父母、兄弟姐妹早亡。

面对沉重的压力，试图重获表面上的掌控感，是一种很正常的心理反应，尤其是在风险很高的情况下。在这种情况下，孩子可能会与某种超自然的力量讨价还价，承诺"表现好""做个好孩子"，以期影响疾病或事故的结果。

在心理治疗中，卡罗琳发现，做个好孩子与拯救母亲的生命之间是有联系的。她也逐渐开始明白，当她对别人不够好的时候，她以前的"奇幻思维"就会立即引发一种恐惧，让她害怕不好的事情会因此发生。

卡罗琳的案例生动地说明了"好"对于心理的保护作用。在小卡罗琳心中，她承诺永远做个好孩子，而她得到的回报就是母亲活下来了。因此，卡罗琳牢牢地坚守这种信念，认为她必须做个好人，而她的"好"最终变得自我挫败了。

作为一个老好人，卡罗琳几乎不能以建设性的方式表达消极情绪。卡罗琳知道人们会利用她善良的天性，但她却无法维护自己。当卡罗琳的医生推荐她来看我的时候，她已经筋疲力尽了，因为她总是尽力取悦他人，但又太害怕说"不"，也不能设置任何边界，因为这样做"不好"。

卡罗琳之所以坚持做个好人，与一个好的结果有关：她母亲活下来了。但是在其他案例中，创伤经历的不良后果是普遍存在的。有的孩子父母早逝，兄弟姐妹因事故而永久残疾。有的孩子怀有过度的责任感，付出了无谓的努力，试图让父母在一起，可父母还是离婚了。

然而，即便许多成年的讨好者的童年创伤以不幸的结局告终，但他们仍然怀有必须做个好人的执念。有些人的"好"可以追溯到这样一种想法：做个好人可以防止坏事发生。然而，可悲的是，有些成年讨好者一直背负着童年的内疚感，他们觉得如果自己过去表现更好，做个更好的孩子，那些坏事就不会发生了。

那些慢性的讨好症患者，在讨好他人的时候往往没有意识到，他们的"讨好症病毒"在童年时期就已经开始生长、扩散了。

顾名思义，迷信或奇幻思维都是不符合实际的。相信你的"好"应该或能够保护你免受排斥或其他消极生活体验（包括创伤），会给你的情绪和行为赋予沉重的责任。一直对每个人都很好，根本不是人能够承受的负担，也并不总是合适的做法。

> **有时不够好也没关系。**

坏事发生在好人身上时

从表面上看，这种相信"'好'具有保护力量"的信念是无伤大雅的，但它实际上是一个认知陷阱。

> **相信"'好'具有绝对的保护力量"所带来的一个最大的问题是，这种想法根本没有用。就算你是世界上最好的人，也会有人不喜欢你——可能正是因为你太好了。**

其实，无论你有多好，都不能保证自己不被拒绝、侮辱、排斥、否定，甚至不被他人抛弃。一个对你的种族、民族、性别怀有偏见的人，很可能会因为他自身的非理性、可憎的理由而排斥你。你的友善程度不会对他有任何影响。或者说，如果一个人嫉妒你，他可能就会反对你，哪怕你可能为他做过许多好事。这不公平，但生活也不公平。

请再审视一下，你是否相信生活是公平的，或者应该是公平的。相信"好"能保护你不受别人伤害，这种信念根植于"生活是公平的"这一基本期望。

所以，像你这样的好人面临的困境是，当世界没有按照它应有的方式运行时，当其他人伤害你时（即便你对他们很好），你就可能会感到困惑和沮丧。你也可能产生愤怒的反应，因为在某种程度上，你希望你对别人好，别人也应该善待你，但这种期望被打破了。当然，你太好了，不会对那些对你不好的人发火。相反，你更有可能将愤怒转向内心，责怪自己不够好，或者认为出于某些其他原因,你应该受到这种待遇。然而,如果你将这种愤怒转向自己,就会付出抑郁的代价。

请想一想:在一个公平的世界里,好人只会遇到好事,因为他们应该得到幸福。如果生活是公平的,那么坏事只会发生在坏人身上,因为他们活该遇到麻烦,应该不幸福。

然而,现实的问题是:好人确实会遇到坏事,即便是像你这样的好人。

如果你相信生活是公平的,"好"能保护你远离坏事,那么当坏事发生在你身上时,你就会让自己陷入自责与抑郁的境地,而坏事是不可避免的。

在"'好'应该保护你免受他人伤害"的信念背后,隐藏着一些危险但有诱惑力的三段论或错误逻辑。这种错误的推理会导致令人抑郁和内疚的结论:

> 如果生活是公平的,人们就会得到他们应得的结果。
> 我遇到了坏事(如排斥、抛弃)。
> 因此,这是我应得的。

或者是:

> 如果我是个好人,就没有人会排斥我、伤害我。
> 我刚刚被人排斥了,我很受伤。
> 因此,我没有我想象的那么好;或者,我不够好。

这种情绪和思维的恶性循环会让你陷入消极的旋涡。此外,这种错误的逻辑也会让你更加努力地讨好他人,善待他人,从而助长了讨好症的恶性循环。

如果能够修正"生活是公平的"这一最初假设,就很有利于纠正这种导致抑郁的思维方式。但是,如果你固执地认为"好"应该保护你,那么当生活给你带来沉重的打击时,你就很可能陷入自责、内疚与抑郁。记住,只要纠正讨好症三角中的一个想法,你就能打破恶性循环,最终引导自己走上康复之路。

不要奖励虐待行为

你可能把"好"当作一张王牌,以防别人不友善地对待你。然而,在这种情况下,"好"其实是你最大的弱点。

当别人伤害你的感情时,友善并不是恰当的反应。恰恰相反,你如果友善对待那些把你当出气筒的人,只会奖励他的虐待行为。实际上,友善是在允许(甚至是鼓励)对方虐待你。

总是表现得很友善,不惜任何代价避免冲突或对抗,服从挑剔的、控制欲强的伴侣或上司,这些做法都会很有可能让你陷入情感虐待的关系里。

在冲突中(即使只有一方咄咄逼人),讨好他人就等于心理上的单方面裁军。如果你在受到攻击时表现出友善,就会让你变得无力抵抗、不堪一击,这是很不合理的。

矛盾的是,如果你受到了言语和情感上的虐待,你的友善不仅不能保护你,反而会让伤害你、对你不友好的人变本加厉。

这并不是说,讨好他人会导致别人虐待你。那些原因存在于施虐者的人格与生活史中。例如,研究表明,受过虐待的儿童长大后会成为施虐的成年人。

然而,虽然你遭受虐待的原因可能不在于你,但你的友善与讨好习惯，肯定会延续虐待的循环。你可能会认为，通过更努力地取悦那些不友好的人，你是在阻止这个循环。但实际上，你恰恰是在配合这个循环。

你可能会热切地希望，你的友善、善良和爱最终能够取得胜利，改变对方对你的行为。遗憾的是，尽管你的出发点是好的，但这种做法几乎行不通。相反，你持续的配合，以及在无意中对虐待行为的奖励，只会让施虐者更加肆无忌惮，并损害你的自尊。最后，你甚至可能会想，反正这些不友善、充满敌意或虐待的对待都是你应得的。

当然，你有权获得善意与尊重，但当你的这种权利受到侵犯时，你必须学会用恰当的方式来维护自己。但是，你必须首先改变你的错误观念：做个好人能保护你，能够防止你遭受虐待或不友善的对待。

友善与羞辱

苏珊是个特别擅长讨好的人。38岁的她，是三个孩子的母亲，双亲年迈。作为家里唯一的女儿，照料父母的责任落在了她的身上。她在当地的学校做五年级教师，她的孩子也在那所学校上学，而她是家长教师协会的主要成员。

此外，苏珊还负责为她丈夫的小型咨询公司记账。她还会用可口的家庭晚餐来招待丈夫的客户，但只有她一个人做饭。苏珊还经常为一个慈善组织做志愿者，她是募捐委员会的负责人，负责其中的大部分工作。

苏珊承认，她不记得上一次对别人说"不"是什么时候了。她意识到，她承受着很大的压力，她大概不应该再做那么多事情了。她知道，她的许多关系是很不公平的，她付出的远比得到的多。

苏珊从小就有着严重的体重问题。她用有些难过的口吻开玩笑说，她这一辈子都在和这50磅[一]肉打拉锯战。她明白，讨好别人的模式与她的体重问题是有关系的。

"我一直觉得，我需要对别人特别好，尽我所能地让他们开心，否则他们就会不喜欢我，因为我很胖。我好像在试图说服别人，不要在初次见面的那一刻就排斥我。我真的很害怕，如果我遭到排斥，就有人会用那两个字来骂我——胖子。"

"在我小时候，我的感情经常受到伤害。其他孩子会取笑我，拿我的胖来给我起外号，比如'胖墩儿'或'胖子'。我唯一能做的就是试图让他们出于别的原因喜欢我。"

"在我小时候，一直到我十几岁的时候，我愿意为其他孩子做任何事，这样他们就不会因为我胖而排斥我了。我真的会任由别人利用我。我帮他们做作业，伪造家长的评语，让他们抄我的试卷——任何人要求我做任何事，我都会做。"

"不用说，我仍然遭到过许多排斥。但是，长大以后，我依然在做同样的事情，对每个人都很好。只不

[一] 1磅 = 0.45千克。

过,我现在甚至不会等别人开口提要求。我知道他们需要什么,我会满足他们。"

许多人像苏珊一样患有讨好症,因为他们觉得自己会被人排斥。他们外表或性格的某些方面让他们觉得自己没有价值,损害了他们的自尊。

这些所谓的"缺陷"可能是身体上的,比如超重、明显的残疾或畸形、缺乏吸引力的面孔或面部特征、头发不好看或身材矮小。这种"缺陷"也可能是心理上的,例如觉得自己不聪明、受教育程度低、不成功,或者为自己囊中羞涩而感到羞耻。

像苏珊一样,你可能因为自己某些真实或想象的"缺陷",预料到别人会排斥你,所以你不得不做个老好人。用心理学的术语来说,你把你对自己的消极感受投射到别人身上了。你可能会利用你的"好"来保护自己,弥补你认为的外表或性格上的严重缺陷。友善、讨好、不冒犯别人——你的隐藏动机可能是操纵别人喜欢你,或者至少不要排斥你。

真正有缺陷的是这种策略,而不是你的外表或性格。这种做法会适得其反,因为这样会不断侵蚀你的自尊,让你进一步陷入讨好症的循环。即使人们接纳你,你的自尊仍然会受损,因为你会认为,他们接纳你是因为你为他们做的那些好事,而不是因为你是一个有价值的人。("她喜欢我只是因为我很好,为她做了很多事。")与此同时,你的那种信念(友善能够保护你,补偿你眼中的"缺陷"),会随着你的讨好习惯而增强。

然而,如果人们排斥了你,就会证实你心中的错误信念:你根本没有价值。当这种情况发生时,你自尊的伤痕就会进一步加深。不但如此，你会觉得自己有必要在未来表现得更加友善，以防再次遭受痛苦的排斥。

▶ 解决的办法在于，认识到你最需要自己的接纳。当你解决了让你自己觉得没有价值的真正问题，并且把你这个人的基本价值与你外表或外在情况的某些属性区分开来时，你自尊的伤痕就会开始愈合，你讨好他人的问题就会减轻。

态度调整：不够好也没关系

下面有一些正确的想法，可以取代"你需要不惜一切代价去做个好人"的有害想法。用一个正确的想法代替有害的想法，能够开始治愈讨好综合征的过程。

- 做个好人并不一定能保护你免受他人的不友善对待。如果别人对你不好，这种想法可能会让你感到内疚、有责任。
- 不要对那些对你不好、不友善的人表现得很友善，不要假装没关系。
- 如果你不得不牺牲自己的价值观、需求或独特的身份认同，那么做个好人的代价就太高了。
- 对你来说，说出自己的想法更有益，即便你必须表达一些消极感受。这样远比你为了做个好人而压抑自己的想法，变得抑郁、焦虑或产生其他情绪问题要好得多。
- 不够好也没关系。

第 4 章

他人优先

讨好综合征的核心是一种重要信念，即他人必须优先。作为一个讨好者，你几乎肯定知道，你把别人的需求放在了自己的需求之前。你很可能也相信，如果不这样做，你就是自私的。

然而，你可能没有意识到的是，在这些信念的基础之上，你将他人的动机与性格描绘成了一幅令人不安的消极画面。从心理学的角度来看，讨好者的世界很危险，满是强大的他人，这些人控制欲强，要求很高，喜欢排斥、剥削和惩罚别人。此外，这些苛刻的人的需求是至高无上的，他必须满足他们，为他们服务，即便要为此牺牲自己的需求。

在揭露和审视这些隐藏的信念之前，请做一下下面的测验，来看看你在多大程度上认为他人必须优先。

测验：你会把别人放在第一位吗

阅读下面每一句表述，判断是否适用于你。如果适用于你，就圈出"是"；如果不适用（或基本不适用）于你，就圈出"否"。

1. 我非常注重满足他人的需求，甚至会以牺牲自己的需求或愿望为代价。　是　否
2. 我的需求应该永远让位于我爱的人的需求。　是　否
3. 我必须一直为他人付出，这样才配得到爱。　是　否
4. 我在生活中最关心的是让别人开心。　是　否
5. 在任何情况下，我都更愿意站在别人的角度考虑问题，而不是自己的角度。　是　否
6. 当我生活中的其他人不高兴时，我就认为我应该做些什么。　是　否
7. 我应该始终做到别人想要我做，或者希望我做的事。　是　否
8. 我最大的需求就是照顾好我生活中的人。　是　否
9. 我通常会接受我最亲近的人的信念或态度。　是　否
10. 我会尝试根据这样的信念来生活：付出比获得好得多。　是　否
11. 在我为自己做任何事情之前，我可能会尽我所能地做让别人开心的事情。　是　否
12. 对我来说，向别人求助，或以任何方式表达我的需求都是极其困难的。　是　否
13. 我觉得我需要做一些让别人开心的事，才能赢得他们的爱。　是　否
14. 我乐于为别人做事，而不要求或期待任何回报。　是　否

15. 如果我不再把别人的需求放在自己之前，我就会变成一个自私的人，人们也不会喜欢我了。　是　否
16. 在关系中，我觉得我付出的会比得到的多得多。　是　否
17. 我必须始终取悦他人，即便这样会牺牲我的感受或需求。　是　否
18. 我经常觉得别人对我的期望太高，但我总是尽量不让他们失望。　是　否
19. 当我自己的需求与别人的需求发生冲突时，我总是把我的需求放在最后。　是　否
20. 如果我不把别人的需求看得比自己的重要，我就会感到很内疚。　是　否
21. 我有时会因为有那么多人对我提出要求或需要我而感到怨恨，但我从不把怨恨表露出来。　是　否
22. 有时候，当我需要帮助，而别人却不帮助我时，我会觉得他们不珍惜我，并感到很失望。　是　否
23. 我的朋友和家人经常来向我寻求建议和帮助，以解决他们的问题。　是　否
24. 我经常因为要满足那么多人的需求而感到筋疲力尽、压力重重。　是　否
25. 我有时会担心，如果我向别人表达我的需求，我就会遭到拒绝、忽视或惩罚。　是　否

计分与解释

把你选"是"的次数加起来，就是你的总分。

- 总分为17~25分：你的讨好问题在很大程度上建立在你的信念之上：你认为别人比你自己更重要。在这种情况下，

你可能甚至不能把自己的需求与照顾他人的需求区分开。你很可能会因为把别人放在自己之前而感到压力很大，甚至可能比你愿意承认的还要怨恨和愤怒。如果你能改变自己的想法，不再始终把别人的需求放在自己之前，你就会在康复的道路上取得重大突破。

- 总分为 10~16 分：你的思维方式有讨好的特点，倾向于把他人的需求放在自己之前。虽然你似乎在一定程度上修正了"他人必须优先"的信念，但明智的做法是对讨好症背后的核心假设保持警惕。改变这种自我挫败的信念（他人最重要），是治愈讨好症的关键。

- 总分为 9 分或以下：你只有一些轻微的倾向，认为别人的需求应该始终在你之前。然而，即使你有讨好症，你的行为也没有表现出来。虽然你可能不会有意识地相信别人比你重要，但你的讨好习惯反映出了这种信念。你要更加注意，你的想法与你迎合他人的行为有哪些相互印证之处。要强化这样的观点——你的需求与别人的一样重要，这样有助于加速你的康复。

让别人习惯不照顾你

现年 40 岁的萨拉是一个特别擅长讨好的妻子，也是四个孩子的母亲。她是一个家庭主妇、全职妈妈。因为她丈夫努力工作，为家庭提供了很好的生活条件，所以萨拉认为，她有责任照顾丈夫从晚上进门到上床睡觉这段时间内的所有需求。而且，她也要照顾孩子。

由于萨拉在一个相对贫穷的环境中长大,父母日夜轮流工作,因此她想让自己的孩子拥有妈妈在家、爸爸为他们提供舒适条件的生活。所以萨拉认为,孩子应该少承担一些家庭责任,这样他们才能在学校表现好,度过快乐的童年。

但是,尽管萨拉的初衷是慈爱的,但她取悦他人的做法却适得其反。

多年来,萨拉一直坚持满足家里所有人的需求,从未寻求过帮助或支持。后来,她被诊断出了急性类风湿性关节炎,需要短暂住院治疗,必须卧床休息六周。萨拉的医生是她的好友,告诫她"不要再像女仆一样伺候家人"。

当萨拉出院回家的时候,她对家人的反应感到震惊和深深的心痛。他们非但没有对萨拉多年来的悉心照顾表达善意和喜悦,反而对萨拉的疾病给他们带来的不便表现出了不满和怨恨。

起初,萨拉为自己生病、成为家庭的负担感到内疚,但她很快就陷入了愤怒和怨恨中。

萨拉的短期解决办法是让她的母亲来和家人住在一起,照顾家人和自己,直到她康复。然而,等萨拉康复之后,她鼓起勇气,和家人坐下来谈了一次话,告诉了他们自己在卧床休养期间的想法。

"我觉得,我创造出了自私、以自我为中心的孩子,以及一个被宠坏了的、忘恩负义的丈夫,我对此要负全部的责任,"她对吃惊的家人说,"但现在,情况将会大不相同。"

萨拉进一步宣布,她将正式"罢工"。她说,他们每个人都要对自己以及彼此的需求承担一定程度的责任,否则她不会再为他们做任何事情。

"我必须生一场病才能看清我所犯的错误,这很可悲,"萨拉说,"我以为我是一个好妻子、好妈妈,因为我太擅长讨好别人了。我从来不让家里的任何人觉得我需要他们做什么,直到我生病了。我让他们习惯了忽视我,只考虑他们自己。"

在接受心理治疗、克服讨好综合征的过程中,她反思了自己给两个女儿和两个儿子树立的不良榜样。

"我的初衷是搞定所有家务,这样孩子就能把所有精力放在学校和他们的事情上了。我想要孩子充分发挥他们的潜能——所有孩子,无论男孩女孩。我总是告诉他们要胸怀大志,成为他们想要成为的人。"

"但是,当我想到我给他们树立的不良榜样时,我感到很害怕。我一直在教我的女儿,女人就是鞋垫一样的受气包!更糟糕的是,我一直在教我的儿子,怎么用女人这个鞋垫擦脚。这是我最不想让孩子们学会的东西。"

"我现在意识到,如果我不尊重自己,我的孩子也不会学会尊重我,尊重他们自己。"

"当我妈妈来照顾我的时候,她让我好好地调整了自己的态度。她提醒我,在我小时候,尽管家里的经济状况相当困难,但我们彼此相爱,互相照顾。"

"我意识到，我养育了一群讨厌的人。所以我当时就决定，事情应该改变了。事情的确改变了，但变得非常缓慢。我必须定期罢工，以提醒每个人履行自己的责任。"

"最好的变化是，我真的相信家人开始尊重我，更爱我了，因为我让他们变成了更好的人。"她最后说道。

从某种意义上说，萨拉得病是偶然的。通过生病，她迈出了治愈讨好症的第一步。

萨拉的故事也很好地说明，讨好者总是把别人看得比自己重要，从而很容易忘记自己的需求。讨好者总是训练自己否定自己的需求，同时，他们也在无意中教会了别人，不要照顾他们。

就像许多其他为人父母的讨好者一样，萨拉接受了许多文化与社会的影响，强化了她把孩子放在首位、做一个"超级妈妈"的行为。其他人会称赞她很能干，她也很喜欢承担自己所选择的角色，直到她意识到自己所付出的代价。

你很容易就成为自己"能干"的受害者。你显得越能干，别人对你的期望、允许你做的事情就越多。然而，讨好他人、把别人放在首位的恶性循环最终会让你感到压力、疲惫、耗竭、抑郁。在这种情况下，你只有发出绝望的尖叫，你的需求才会被人听到。但是，就像萨拉一样，你的需求可能正在黑暗中尖叫，却没有人回应。

照顾自己真的自私吗

在看待照顾他人的需求与照顾自己的矛盾时，大多数讨好者的想法往往是极端的、扭曲的。就连"矛盾"这个词也暗含了一种非此即彼、非黑即白的选择。

这两种选择似乎是：①你是完全无私的——达到真正无我的境界，总是把别人的需求放在自己之前；②你是完全自私的，总是把自己的需求放在第一位，甚至会践踏、打击那些妨碍你的人。

显然，作为一个讨好者，你会选择前一种做法。毕竟，始终把别人的需求放在第一位（哪怕牺牲自己的利益），就是讨好综合征的本质。然而，如果你知道，你如此无私，实际上很有可能导致你根本无法满足别人的需求，你还会坚持这样做吗？

考虑一下这个类比：想象一下，你要单独负责在一个月内喂养七个饥饿的幼儿。你的任务是确保孩子们不会挨饿。

为了达到这个目的，你会让孩子每顿饭想吃多少就吃多少。你决定不吃饭，把自己的那份和剩下的食物保存起来，以防孩子在下顿饭前又饿了。

孩子能吃饱饭，对于你来说太重要了，远比你自己吃饱饭重要，于是你教会自己忽略自己的饥饿信号。事实上，由于你认为喂饱孩子是你的首要需求，所以你决定彻底不吃东西。

然而，你最后因为饥饿而虚弱不堪，以至于再也不能为孩子做饭或喂养他们了。因此，尽管你的慈爱与无私让你把孩子的需求放在你之前，但你的任务失败了。显然，你的做法是有缺陷的。

同样，作为一个讨好者，你的首要需求是照顾他人的需求。但是，如果你不关心自己的福祉，那么，即便你原意并非如此，或者没有意识到，牺牲你自己（照料者），同样会危及你爱的人。

▶ **如果你不断地因为照顾别人而感到压力、疲惫，你就会出现疾病、抑郁、压力和其他严重问题。由于你的好意，那些依赖你的人也会受苦。**

还有第三种选择，这个选择对每个人来说都是最好的：你可以进入一种适度自利（enlightened self-interest）的状态。这意味着你要照顾好自己，甚至有时把自己的需求放在首位，兼顾他人的需求和幸福。这样一来，你仍然会关心别人的需求，他们也会因为你照顾好自己而受益。适度的自利与自私不同，它不会让他人为了你的利益而受苦。

矛盾的是，为了真正履行你对那些最亲近、最重要的人的义务，你必须能够照顾好自己。但是，你现在面临的问题是，多年来的讨好习惯，让你几乎听不见自身需求的内在声音了。

没人喜欢"过度付出者"

讨好者必须学会的最困难的一课，就是明白自我牺牲并不能交到朋友。事实上，大多数凡人很难喜欢那些自封的、高风亮节的"圣人"。

作为一个讨好者，如果在关系中的付出远比得到的回报多，你才会感到更安全。你也可能认同这样的错误观念：付出一定比接受好得多，即便是在和朋友、家人相处的时候。

虽然善心与利他主义是积极的、令人钦佩的品质，但错误在于把自我牺牲与不求回报的付出用到你的个人关系中。当你不断地为朋友和家人奉献，却不允许别人回报你时，你实际上是在操纵和拒绝，不管你是否有意。你保持着一种顽固的付出者姿态，拒绝接受任何回报，从而剥夺了别人的快乐和美好的感受——他们也有资格通过回报你来获得快乐与美好的感觉。

▶ 如果你付出太多，却不愿意接受回报，你的动机就会受到怀疑。

虽然你的本意可能是分享自己所拥有的东西，但你可能会在无意中贬低接受者，让他觉得自己没有能力回报你。或者，你的意图也可能被人误解为试图"收买"另一个人的友谊。在这种情况下，付出者和接受者都被贬低了。

如果讨好者的付出到了完全无私或过度的地步，就会产生意想不到的效果，让别人感到尴尬、不舒服，甚至轻蔑。如果你把别人的需求看得过于重要，以至于表现出明显的自我否定，就可能让人产生更多的内疚。虽然别人可能认为你具有"真正的奉献精神"，但他们希望你把这种精神奉献到别处去。

最后，当你帮助别人，为别人做好事，却拒绝让别人回报你时，你就会造成意想不到的不良影响，让别人觉得对你有所亏欠。虽然你的用意可能很好，但那些接受你付出的人可能会感到怨恨和愤怒，因为你的操纵让他们感到很不舒服。

▶ 允许别人回报你的善意与付出，你实际上帮了他们一个大忙，让他们不必对你感到有所亏欠。

迎合他人的隐性成本

萨拉和像她这样的讨好者有多常见？事实上，像她这样的故事并不罕见。看来，无论讨好者的动机是什么，当他走上迎合他人需求的道路时，结果必然不是他想要的。事实上，正如米兰达一再发现的那样，这种结果往往相当可悲。

35岁的米兰达不明白自己为什么还是单身。吸引男人的关注，或者让男人约她出去似乎对她来说都毫无困难。事实上，大多数与她约会的男人都对她很热情……至少在一定时间内如此。但米兰达的恋情都没能维持下去。每个与她交往的男人迟早都会和她分手。

真正让米兰达感到困惑、难过的是，与一个男人有一段成功的恋情，是她生命中最重要的愿望。她不明白自己做错了什么，因为米兰达是一个特别热衷于讨好别人的人，尤其是在男人面前。

讽刺的是，米兰达总是把男人放在第一位，忽略了自己的需求，她反而造成了自己极力避免的结果。然而，尽管米兰达多年来屡屡分手，她却没有意识到，她强迫性地讨好男人，近乎盲目地迎合男人的做法，已经变得适得其反、自我挫败了。

"我必须把男人放在第一位，尽我所能地取悦他们，"她坚定地说，"否则他们就不会爱我。"

所以，一旦米兰达发现，自己被一个男人吸引，并且对这个男人感兴趣，她就会把自己置于顺从的位置。她会给予男人大量的关注、爱慕和赞美。米兰达相信，为了配得上男人的爱，她必须证明她会永远把他的需求放在第一位。

为此，米兰达会同意做任何事，去任何地方，并顺从对方任何的要求和愿望，只要能让伴侣开心。她会看伴侣喜欢的任何电影或电视节目；她会吃伴侣选择的任何食物，或者去伴侣选择的任何餐厅吃饭。如果伴侣愿意，她会为他做饭；如果他不饿，她会选择完全不吃饭。

当米兰达的男朋友在健身房锻炼时，她就会变成一个运动爱好者。如果他很宅，米兰达也会变成电视迷。米兰达会通过穿着来取悦伴侣，她会心甘情愿地改变她的发型、妆容或者其他方面的外貌，以迎合男朋友的品位。

米兰达的看法总是要让位于男朋友的看法。事实上，她"发现"自己几乎同意伴侣所相信的一切，并且一定会告诉他，他是多么地聪明和迷人。

起初，几乎所有和米兰达约会的男人都会因为她殷勤的爱慕而感到受宠若惊、心满意足。她能够让每个男人都觉得自己很特别，因为她会告诉他，他是多么聪明、有才华、迷人、有吸引力。但是，随着时间的推移，伴侣最初的热情和兴趣就会开始减弱。

就像诗人格特鲁德·斯泰因（Gertrude Stein）对加利福尼亚州的奥克兰的评价一样，残酷的现实是，米兰达"没有什么特别之处"。男人们会发现，在一段相对较短的时间内，米兰达的奉承和顺从会把她变成一个讨厌的人。

米兰达没有自己的观点或想法，也不会在智识上与伴侣真正合拍，她就像一面镜子，只会反映出伴侣的想法。由于每次更换伴侣，米兰达的兴趣和活动都会发生变化，她从来没有真正培养出一直热爱的兴趣，也没有培养出某种才能，甚至没有发现自己真正的需求，而只会成为某个男人的"另一半"。但是，米兰达并没有成为互补、独立的另一半，只是成了伴侣的复制品，只不过她是个女人而已。因此，她没有扩大一个男人的体验，也没有拓展他的视野。

米兰达讨好他人的方式，最终变成了伴侣的累赘。她相信，把男人放在第一位，她就能给予男人他想要的任何东西。但事实上，她无法提供一个健康男人最想要、最需要的东西：真正展现自我的能力——这种能力源于她知道并重视自己是谁。

关注他人的需求

作为讨好者，你的感知"天线"会自动调节，敏锐地捕捉他人的需求、偏好、愿望、要求和期望。他人的需求仿佛有一种心理上的声音，这种声音的"音量"被调得很高，而你自身需求的音量却调得很低，几乎已经完全静音。

有时，别人的需求或要求是很明确的。然而，在其他时候，别人对你并没有明确的要求，可你仍然觉得有必要对隐含的要求做出回应。

你的心理雷达会不断地扫描人际空间，以获取有关他人明确和隐含要求的信息。你已经教会他人不断地向你提出要求，并期待得到你的关注。除了他们不断提出的明确要求之外，你还要应对那些微妙的、未说出口的需求。

从理论上讲，他人需求是无穷无尽的，但你能够做出的回应是有限的。你只是一个人；你可用的时间，最多只有你一天中醒着的这段时间，而你的精力无论多么旺盛，也不是无穷无尽的。然而，你心目中的轻重缓急会按照一个简单但自我挫败的原则排序，即他人必须优先，因此你排在了最后，所以你不能经常把事情交给别人做，或者无法有效地请别人做事。你很少（甚至从不）寻求帮助或支持，如果你那样做了，你就会担心遭到惩罚或拒绝。而且，对于别人的要求或请求，你几乎从不进行协商，因为这样做，就需要把你自己的需求提出来，这样一来，你就可能面临否定或指责的风险，你害怕被贴上这个可怕的标签：自私。

如果没有说"不"的能力，或者不能有效委托别人做事、分清轻重缓急、协商、寻求帮助，那么他人持续不断的要求就会变得肆无忌惮、毫无节制。而且，你总是控制不住地（尽管在很大程度上是徒劳）试图讨好所有人，这样只会让别人提出更多、更大的要求。在这种过度的负荷之下，你的回应能力会受到损害，并且严重不足。

这种疲于应付的心理影响很严重。首先，如此多的要求所带来的巨大压力会威胁你的身心健康。其次，当你觉得自己无力满足别人不断增加的要求时，你的自尊会急剧下降，而你的讨好习惯却在不断鼓励别人提出要求。然而，把别人放在首位的强大冲动仍然没有得到制止。

在危险的世界中赢得爱

既然心理和身体代价如此之高，为什么"他人必须优先"的核心信念会深深地刻在你的脑海里？为了回答这个问题，我们需要审视认知心理学家所说的"沉默假设"，或者其他潜在的想法。

正是这些假设和想法让"他人必须优先"的信念变得根深蒂固。

在"他人必须优先"的信念之中,隐含着一种潜在的危机意识:如果你不把他人的需求放在你之前,你就会遭到排斥,被视为自私,被抛弃,被否定,或者受到其他形式的惩罚。再深入地看,这种隐含的危机感源于一种观点,即这个满是他人的世界在本质上是一个危险的地方。根据这种隐含的假设,这个地方居住着那些强大的他人,他们控制欲强,要求苛刻,总喜欢排斥、剥削和惩罚别人。你必须为他们服务,随时满足他们的需求,甚至经常要牺牲自己的需求。因此,难怪你在满足别人的需求之前,哪怕是考虑一下自己的需求都会让你感到恐惧、焦虑和内疚。

要发现你那些起核心作用的想法与隐含假设,最好的方法之一就是问问自己:如果你不一直牺牲自己,取悦他人,那会发生什么?如果你不把别人放在首位,如果你不尽你所能地让别人开心,那会发生什么?

如果你像大多数讨好者一样,你就会相信,如果你不把他人放在首位,别人就会认为你是自私的。此外,你还相信,如果你是自私的,你就不配得到爱。自私、不值得爱的人最终会被抛弃,独自忍受痛苦。所以,这个价值体系背后的隐含假设是:

1. 这个他人的世界不是一个安全的地方;如果你不能满足他人的需求,你就会承担负面的后果;
2. 你必须不断地付出,做取悦他人的事情,才能赢得爱和关心;
3. 如果你不为别人付出,把别人的需求看得比自己的重要,那别人就会认为你是自私的;
4. 自私的人会被抛弃,孤身一人、痛苦不堪。

这些重要假设就像一种信仰，把他人放在了至高无上的重要地位上。换言之，作为讨好者，在你的世界观里，他人以及他们的需求，显然比你自己的需求更重要。

但是，如果你的世界观是错的呢？这听起来有些过分，不是吗？

态度调整：他人优先

下面是一些正确的表述，可以对抗"他人必须优先"的有害想法。记住，只要改变一个想法，就能开始治愈讨好症的整个过程。

- 如果你总是把别人的需求放在自己之前，不能很好地照顾自己，你就无法照顾那些对你最重要的人。
- 既关心别人又照顾好自己，这是完全可能的。
- 自私与按照适度自利的原则行事有着很大的区别。
- 你不必与那些喜欢控制、惩罚、排斥和剥削的人在一起。你可以选择和谁在一起。
- 只有当你用自我挫败、讨好他人的信念和行为奴役自己时，你才会成为别人的奴隶。
- 付出并不总是比接受好，人际关系中最好的平衡就是付出并接受。
- 你自己的需求、愿望和想法与别人的一样重要。对你来说，这些甚至可能更重要。
- 如果你不能告诉你爱的人，你也有需求，他们也有责任帮助你满足需求，你就会让自己陷入麻烦与失望。

第 5 章
你的价值并不取决于你做了多少事

如果你像大多数讨好者一样,那你和时间的关系就很特殊。永远不会有足够的时间让你放松,享受乐趣,做一些愉快的事情,或者只是享受独处。然而,你用来完成任务的时间却在不断增长——尤其是当这些任务涉及为别人做事的时候。

你可能有一个长得看不到边的"待办"清单,你可能会用这个清单来记录你在一天中没有来得及去做的事情。你很少为你做的那些事情赞美自己,却会用"应该""必须"和完美主义的自我评价标准无情地驱使自己。

事实上,作为一个讨好者,你的身份认同感、自尊,甚至你是否值得被爱,都取决于你为别人做的事情。事实上,你所做的事情,通常似乎就成了你自己。

自己搞定一切

　　过度地从你为他人所做的事情里获得自尊，导致的一种后果就是无法委托他人做事。不让他人帮忙的危险后果，就是在你的个人生活和工作中制造令人难以承受的压力。如果你一个人完成所有的工作，没有足够的帮助和支持，你的时间和资源最终就会不可避免地耗尽。一旦力不从心，你就会处在巨大的压力之下，不断地逼迫自己努力，去补偿压力本身带来的、不断加深的自卑感。

　　压力也是会传染的。压力会传染给你身边的人，不仅会危害你的身心健康，也会危及你的家人、同事、朋友，以及几乎所有你接触过的人。而且，压力会对你精心培养的"好"性格产生扭曲的消极影响，把你变成一个尖叫的、暴躁的、可怕的人，而不是你平常取悦他人的样子。

　　你不能委托他人做事可能有很复杂的原因，尤其是在工作中。首先，你可能会希望对你的工作或项目保持严格的、完全的控制。只要不委托别人做事，你就可能陷入一个诱人的陷阱，即成功就可以全部归功于（或者说被授予）自己。但请记住，如果项目进展不顺，你也要承担所有责任。

　　你可能为自己不愿委托他人找理由，抗议说没有人能像你一样，把工作做得那么好、那么仔细。尽管这可能是事实，但独自完成所有工作有很大的弊端，尤其是在同事或下属希望帮助你的情况下。

　　如果你严格控制工作过程，从不把责任和义务委派下去，你就妨碍了他人学习、发展技能，不利于他们的职业发展，或者让他们无法像你一样，从成就中获得自尊。你可能会对下属的怨恨和不忠感到很意外，而这正是你不愿意真正委托别人做事所导致的结果。

不能有效地委托别人做事，也会让你陷入微观管理的细枝末节之中。虽然事必躬亲可能让你感到安全，甚至不那么焦虑，但你其实冒了很大的风险，因为高层会始终将你视为一个经理，而不是一个领导者。

这种破坏性的形象会始终让你如履薄冰。尽管你很难承认，但有一种看法认为，微观管理者和其他沉浸在细枝末节里的人，不能具备领导者的必备素养，即从战略、前瞻性规划的角度思考问题。在公司型组织里，高管要从战略高度思考和计划，而员工（和经理）则从战术层面上执行高管的指令。你想做哪一类人？

从心理学的角度来说，能力与努力可以算是互补性特质。这意味着，一个被人认为很有能力的人，通常不会比能力较差的人更努力。相反，如果一个能力较弱的人的确取得了成功，人们通常认为他必须付出巨大而非凡的努力。

现在，推想一下，假如有一名公司的经理，他在别人眼中比别人工作更努力，工作时间更长，那可能会给他带来哪些适得其反的影响？可能与你所认为的相反，如果一个人在别人的眼中，需要如此努力的工作才能弥补他们能力的不足，实际上会让观察者低估这个人的工作能力。不幸的是，如果这位辛勤工作的人是女性，这种倾向就尤其强烈。如果你认为努力工作是成功与升职的保证，那就再好好想想。

自己包揽所有工作还会产生另一种错觉。当许多中层经理和副总裁发现，自己的职位在并购中被撤销，或者用当代企业术语来说，发现他们的"职能被外包"时，这种错觉会让他们感到震惊、难以置信。这种错觉就是，如果你凭借努力付出让自己变得不可替代，你的晋升和工作就会得到保障。这是一种危险的、完全错误的信念。

在任何商业环境中，允许任何个人（包括CEO）变得不可替代，都是糟糕的管理。事实上，这可能等同于制造危机并等待危机发生，正如凯在接下来的故事中的痛苦领悟那样。

凯是一家小型但成功的公关公司的特别项目经理。她的工作包括为该公司的客户策划和协调所有特别活动。

凯对老板非常忠诚。10年前，42岁的她在丈夫去世的几个月后就被老板雇用了。"在我需要休息的时候，老板给了我一个真正的机会，"凯说，"我丈夫去世的时候，我不需要为了钱工作；但这份工作给了我一种价值感和使命感。"

凯拒绝把任何她认为"重要"的事情委托给别人做，即便她有两名全职员工做助理。凯认为，项目的每一个细节都对结果至关重要。凯不愿意放弃对工作的任何控制，除了最单调、最低级的工作，如填写邀请函和舔信封，或者把包裹或邮件送到收发室，她什么事都自己做。

"这样的话，"凯解释说，"如果出了什么大事，我就只能怪自己了。"

但是凯的助理们觉得自己被贬低了，职业发展受到了阻碍。他们向管理层抱怨，说他们不喜欢她分配给他们的低级工作。他们提醒老板,他们是被雇来学习如何做特别项目的,但凯却把他们当作"外表光鲜的职员、仆人和杂役"。

一般情况下,凯的性格讨喜,善于取悦他人——除非她压力很大。在每次举行特别活动之前,凯都会给她自己和其他员工制造巨大的压力。

在这段时间内,凯会夜以继日地工作,反复检查每一个细节。所有办公室的员工都会受到压力传染的影响。其他员工会在背地里叫她"地狱之轮"或者"女巫",因为她在压力下似乎完全变了一个人。如果出了什么问题,她就会对供应商大喊大叫,在办公室里大哭,骂人,说脏话,发号施令,甚至责怪那些助理——可她当初既不要求他们承担责任,也不告知他们重要信息。她曾有四任助理当场辞职,让凯更加疲惫不堪,因为活动日期已迫在眉睫。

在开幕活动开始后,凯就会对她的"不良行为"感到懊悔。她会给同事和助理买花或其他礼物来道歉。她恳求他们的理解和原谅,并承诺下次"保持冷静"。但这种事情只会反复出现。

公司的总裁从不惩罚凯。他会代表凯向员工道歉,并且为她的不当行为找借口,并提醒大家"没有人能像凯那样把工作做好"。

凯策划的活动通常都非常成功,赢得了客户的称赞,并从房地产和出版公司那里都得到了积极的反馈。由于凯有取悦客户的能力,她的老板愿意容忍她在压力下的歇斯底里行为。他认为没有人可以取代凯,并且觉得留住她的价值大于其他员工流动,大于她压力过大时的行为造成的士气崩溃所带来的代价。

然而,现在这种代价可能已经变得太大了。凯的六名助理(过去和现在的)已经对公司提起了诉讼,指控凯对他们的"虐待",以及管理层对凯的"优待"已经构成了骚扰和歧视。

凯感到十分痛苦、内疚和沮丧。她已被安排无限期休假,以治疗她的问题。在凯休假期间,该公司将特别活动的策划工作外包给了另外一家公司。令她沮丧的是,老板现在发现,也许凯并不是不可或缺的。

没有人是。

你做了多少事能否证明你的价值

你的身份认同、你的自我价值感是否取决于你为别人做了多少事?你认为自己不可替代吗?做一做下面的测验,找出答案吧。

测验:你的价值是否取决于你做了多少事

阅读下面的表述,判断每个表述是否适用于你。如果你同意或基本同意,就圈出"是";如果你不同意或基本不同意这个说法,就圈出"否"。

1. 我相信我的价值取决于我为别人做的事。　　是　否
2. 为了真正值得被爱,我必须为别人做事,为他人付出。
　　是　否

3. 我经常觉得我的精力不够用。　是　否
4. 我觉得我需要通过做一些让别人开心的事来向他们证明自己。　是　否
5. 如果我不能为别人做事，或者让他们开心，我就会觉得自己毫无价值。　是　否
6. 我的自我价值感和重要性来自我为别人做了多少事。
　　是　否
7. 如果我不把所有的时间都放在身边的人身上，我就会认为自己是个坏的、自私的人。　是　否
8. 我相信我必须做一些让别人开心的事，才能赢得他们的爱。　是　否
9. 我相信如果我不能为他人做事，他们就会怀疑我作为一个人的价值。　是　否
10. 即使我尽最大的努力去取悦他人，我仍然经常觉得自己不够好，或者觉得自己很失败。　是　否
11. 我很少把任务委托给别人。　是　否
12. 虽然我相信我基本上是个好人，但我仍然觉得我必须每天为别人做事，来证明我自己。　是　否
13. 我相信我的朋友喜欢我，是因为我为他们做的那些事。
　　是　否
14. 我会尽我所能地为他人做事，尽量不让疲惫妨碍我。
　　是　否
15. 我有时会感到怨恨，因为那么多人都在占用我的时间，但我绝不会表达我的消极情绪。　是　否

计分与解释

把你选"是"的次数加起来,就得到了你的总分。

- 总分为 8 分或以上:你的身份认同与自我价值在很大程度上取决于你为别人做事的能力。这种思维模式会导致令人疲惫的压力,甚至会危害你的健康。
- 总分为 4~7 分:你仍然可能处于危险的区域,你的自尊如果受到打击,就有可能驱使你为别人做更多的事情,以此来找回你觉得自己失去的东西。请小心。
- 总分为 3 分或以下:你状态很好,没有高估你对别人不可或缺的程度。这是你在康复过程中需要培养的力量。

只工作,不玩耍

如果你把自己的价值等同于你为别人所做的事情,你就可能成为一个"只工作,不玩耍"的人。在满足别人的需求和要求方面,你要付出的时间似乎总是越来越多,但在照顾自己方面,你的时间却变得越来越少。

▶ 重视成就、做事的能力,就会对愉快的活动和放松的价值产生偏见。

你甚至可能认同这种自我挫败的信念:享受乐趣、打个盹、休闲地散步都是在"浪费宝贵的时间"。这些信念之所以是自我挫败的,是因为放松和休闲不仅对你的整体健康与幸福有好处,还是保持最佳做事能力、取得高质量的成就的必要条件。

然而,你可能会推迟或拖延你的放松与其他娱乐活动,直到你完成了所有你认为自己必须做的事情为止。然而，这种习惯的问题是，你几乎永远不会完成所有你必须为别人做的事，因此你很少能为自己留出时间。

或者，如果你的确为自己找到了一点点时间，你有可能会把原本应该减轻压力的活动，变成强制性的义务，从而产生了额外的压力，直到这些任务完成了为止。运动就是个很好的例子。运动是否成了你长长的"待办事项"清单中的一项——为了避免内疚，你就必须完成的事情？如果是这样，那么你从运动中得到的好处可能比你想象中要少得多。当你在锻炼肌肉、燃烧脂肪的同时，你也让运动这件事充满了义务、压力和内疚感，从而抵消了减压的作用——可以说这是定期运动最重要的回报之一。

毫无疑问，你对自己的要求比对任何人都要严格。例如，大多数讨好者都很少允许自己对一天里完成的事情感到满意。你可能不愿鼓励自己，表扬自己的成绩，或者对自己感到高兴或满意，因为你担心自己会骄傲自满。如果没有不满足的"鞭策"，你可能会担心自己的表现比想象中的高标准差得更远。

你可能还认为，通过"严格"对待自己，不让自己娱乐和放松，你似乎就能显得更有价值，更能为他人付出。更有可能的是，你只会在别人面前显得更不开心，还可能显得很尖酸刻薄。

你对自己的苛刻，有可能体现为忽视身体内部的信号，而这些信号能够告诉你，是时候停下来休息了。虽然你讨好他人的技巧能让你对那些抱怨头痛、身体疼痛、疲惫或其他身体症状的人给予关注与照料，但你很可能会误解或完全忽视你自己的身体所发出的类似明智信息。

如果你出现了上述症状，你可能会试图克服你所认为的弱点、不足或局限,以便继续为别人做事。事实上,对有些讨好者来说,如果疾病严重到让他们无法继续做日常所做的那些事,哪怕只有几天,他们都会感到极度抑郁、焦虑。

如果你的自我价值与你为别人所做的事情紧密地联系在一起,生病、需要照顾自己都会让你觉得自己毫无价值、无用、像个累赘、内疚、不重要。这些自我挫败的消极想法可能只会进一步让你的病情恶化,延迟你的康复。

读心的陷阱

你生活中的其他人似乎不知道如何像你照顾他们那样照顾你,或者做得不像你想象中的那么好,你可能会因此感到怨恨和失望。如果你有这样的感觉,你很可能在坚持那种固执的、自我挫败的规则:你不应该告诉别人你需要什么,或者不应该教他们如何最好地照顾你。他们应该知道怎么做。

马西娅和彼得已经结婚3年了。虽然马西娅为自己不断地努力取悦丈夫而感到自豪,但彼得在没有被告知的情况下,似乎不能准确地知道她需要什么,想要什么。每当这种时候,马西娅就会开始感到怨恨。事实上,马西娅甚至认为,这是在考验彼得对她的爱。

"我会做彼得爱吃的晚餐。我会在他睡前给他做很棒的背部按摩。在周日早上,我会把早餐和报纸送到他床上,"马西娅炫耀道,"不要误解我的意思。我喜欢照顾他。这让我觉得自己和他一样开心,甚至比他更开心！"

结婚几个月后，马西娅注意到，彼得不能准确弄清她的愿望，因此她感到非常失望。马西娅甚至还为自己拥有一些丈夫没能满足的需求而感到内疚。而且，她持有一种自我挫败的错误信念，认为配偶如果真想取悦对方，那么任何一方都没必要告诉对方自己想要什么，需要什么。

例如，彼得总是把马西娅表达爱意的信号都解读为她想要发生性关系，这让马西娅很不高兴。

"你知道吗，有时我只想拥抱，"她解释道，"但彼得觉得，如果我表达爱意，我就是想发生性关系。有时候是的，但很多时候，我并不想。我认为他应该能分辨其中的区别，不需要我把一切都告诉他。"

马西娅拒绝和彼得讨论性与爱的问题。

"我不明白我为什么必须告诉他我想要什么，不想要什么。他为什么不能像我一样，自己想明白呢？如果他真能理解我的需求，他就会知道我想要什么，然后满足我。"马西娅生气地说。

马西娅和彼得最终接受了治疗，因为她变得闷闷不乐、心情低落。起初，即使是在治疗中，马西娅也不愿意告诉彼得她的感受。她坚持认为，她对"完美婚姻"的幻想是，根本不必要告诉对方自己需要什么，因为双方"都应该知道"。

然而，一旦他们开始公开讨论他们的关系，马西娅才知道，彼得实际上不喜欢她为他做的一些事情。

"我不想告诉她,我不喜欢她做的一些菜,或者她为我做的一些事,这样会伤害她的感情,"彼得解释道,"我知道她认为自己很'了解'我,也很擅长给予我她认为我需要的东西,她为此感到骄傲。而且,她很棒。可即便是她,也并不总是对的。"

马西娅和彼得在治疗中发现,在最好的关系中,伴侣会教会彼此,如何最好地付出和接受爱。美满婚姻的标志是沟通,而不是心灵感应。

马西娅站在了不合理、不现实的立场上,认为如果彼得爱她,就能读懂她的心。她实际上设下了心理陷阱,让她和她的丈夫都陷入了困境。每当马西娅把注意力集中在一个隐含的规则(她的丈夫在任何情况下都应该知道她需要什么)上时,她就为自己找了一个理由(尽管这个理由是错误的),当丈夫没有满足她的期望时,她就可以生气和感到受伤。

马西娅和彼得现在是彼此更好的伴侣了。因为他们能交流彼此的需求,都觉得自己能够更好地让对方开心和满足。

态度调整:你的价值并不取决于你做的那些事

由于你相信自己是不可替代的,而且你的身份认同和自尊都取决于你独自为别人做了多少事,这样会让你陷入讨好别人的陷阱。请允许自己把事情委托给别人去做,并且要有效地委托别人。要请别人做事,并提出你的需求和想要的东西,不要担心遭到否定或惩罚,这样你就能远离讨好综合征,开始重新掌控自己的生活。

下面的一些态度能纠正你"你的价值取决于你所做的事情"这一有害观念：

- 对你来说，有效地委托别人做事，比保持完全的控制权，或者揽下所有的功劳（或承担所有责任）更加重要。
- 不委托别人做事，不寻求帮助，不说"不"，你实际上是在等着被压力淹没和压垮。
- 如果你肯花时间玩耍、娱乐、放松，做一些令人愉快的事情，你的成就、你为别人做的每件事都能变得更好。

第 6 章

好人也可以说"不"

这里有一个难题：讨好者永远没有足够的时间去做那些他们必须做的事，也没有足够的时间来照料自己。但是，如果有人需要他们，请求他们再为他做一件事，讨好者从不说"不"。

做做下面这个测验，看看你在多大程度上是这样的人。

测验：你能说"不"吗

阅读下面的表述，并判断能否描述你的思维方式。如果你同意或基本同意，就圈出"是"；如果你不同意或基本不同意，就圈出"否"。

1. 在我完成所有必须做的事情之前，我真的没有时间放松。
   是　否
2. 我很难拒绝朋友、家人或同事的请求。　　是　否

3. 我的身份认同感建立在我为别人所做的事情上。　是　否

4. 我很少对任何需要我帮助，或想要我帮忙的人说"不"。
   是　否

5. 在日常生活中，我几乎从来不会对我自己的成就感到满意。　是　否

6. 我经常因为照顾别人而筋疲力尽，以至于没有时间和精力去享受自己的生活。　是　否

7. 如果我花时间放松，或者只为自己做一些愉快的事情，我就会感到内疚。　是　否

8. 我相信，如果我不再为别人做我现在所做的那些事，就不会有人真正关心我。　是　否

9. 我几乎从不要求任何人为我做事。　是　否

10. 在我想对别人的请求说"不"的时候，我经常说"好"。
    是　否

计分与解释

把你选"是"的次数加起来，就得到了你的总分。

- 总分为7~10分：比起照顾好自己，你更看重取悦他人。你根本不会说"不"。

- 总分为4~6分：你应该保持谨慎，以确保你不会落入友善的陷阱。你说"不"的次数不够多，也经常在该说"不"的时候不说"不"。

- 总分为3分或以下：你已经找到了一些解决办法，不再做一个讨好者。培养自己说"不"的能力，平衡自己与他人的需求。

说"不"就像说外语吗

唯一能够描述讨好者的字可能是"好",而他们通常难以说出口的字是"不"。

如果你是个讨好者,那么可以肯定的是,你很难对几乎任何人的任何请求、需求、愿望、邀请或要求说"不"——无论是明确的,还是隐含的。

说"不"可能会让你感到内疚或自私,因为你将说"不"等同于让别人失望。多年来,你一直说"好",你教会了别人希望你顺从。现在,你可能觉得说"好"是你唯一的选择。

仅仅是说"不"的想法或可能性,都足以让你觉得紧张、焦虑、很不舒服。而且,每次你因屈服于恐惧而说"好",虽然能在短期内减轻焦虑,但会强化你说"好"的习惯。然而,这种习惯性反应所带来的长期后果有着高昂的代价。

> ▶ 就像大多数讨好者一样,你之所以讨厌说"不",大概是因为你担心你的拒绝可能会引起消极、愤怒的反应。从这个意义上说,你已经赋予了这个字过多的力量,以至于你已经害怕使用这个字了。

如果你总是说"好",尤其是在你想说"不"的时候说"好",你最终会发现,自己就像行尸走肉一样,生活毫无乐趣,只会把宝贵的时间与资源的控制权交给那些提出要求的人。实际上,你不停地说"好",会让你变成别人的奴隶。

为什么说"不"会让你感到如此焦虑和内疚

你不愿意说"不",也可能与你的这种想法有关:你认为你通过为他人做事能获得自尊。从这个意义上说，对一个请求说"不"，你也会剥夺自己的一个机会，让你不能再为别人多做一件事、多帮一个忙。由于你的自我价值似乎取决于你为别人做的事，那么你不愿意放弃取得成就的机会，也是可以理解的。

但是，作为一个长期的讨好者，你所面临的困境是，尽管到目前为止，你十分擅长满足几乎所有人的需求，但你的精力必然会有耗尽的时候。当你的精力被你的善意和讨好他人的愿望消耗殆尽的时候，你就会来到一个临界点上，此后你再也无法为他人做那些事情了，尽管你的价值十分依赖这些事情。

▶ **想要避免来到这个临界点，并且保持你对那些最重要的人说"好"的能力，唯一的办法就是学会在某些时候，至少对一些人有效地说"不"，要有说服力。事实上，学会说"不"对于治愈讨好综合征是必不可少的。**

说"不"需要你另寻自尊的来源。作为讨好者，你已经学会了为别人做事，让自己感觉很好。不过在实际上，你已经无法控制自己如何使用自己宝贵的时间和精力了。

作为一个已经康复的讨好者，你必须学会因为你重拾了对生活的掌控感而感觉良好。在一定程度上，你之所以有这种掌控感，是因为你养成了一种新的能力，可以有意识地、深思熟虑地选择自己要做什么，不要做什么，尽管有时你不得不说"不"。

但是，为什么说"不"会让你感到那么内疚、焦虑和不舒服呢？你可能没有意识到，多年来压抑自己说"不"的冲动，会不断地产生挫败感。一旦有发泄的机会，这种挫败感可能就会以暴怒的形式爆发出来。

因此，一想到解除说"不"的禁令，你就会充满焦虑，这一点儿也不奇怪。你的恐惧更多地与你长期压抑的怨恨有关，也与你最终可能说"不"的方式有关（带有强烈的愤怒与攻击性），而不仅仅与这个字有关（更准确地说，你会说"不！！！"）。

说"不"是在划清你的边界。想想这个类比：假如有人侵犯了你的身体边界，踩到了你的脚趾。

如果你马上做出反应，你可能会保持镇静，平静地告诉那个人，他踩到你的脚趾了。然而，为了不伤害对方的感情，你选择了保持沉默。如果你没有告诉侵犯者，那么在你脚趾多次被踩之后，你可能会达到一个临界点，超过这个点，你就无法再保持礼貌了。你试图保持友好和顺从的时间越长，允许别人踩你脚趾的时间越长，自我控制就会变得越困难。

在他最后一次踩你脚趾的时候，你心里会想"我再也忍受不了"。此时你可能会愤怒地提高嗓门。你甚至可能本能地把那个人推开，大声地告诉他，你的脚受到了反复、愚蠢、粗鲁的伤害。

回想起来，如果你能在对方侵犯你边界的时候立即明确划清边界，你就能保护对方的感情，也能保护你的脚。

由于你是一个讨好者，所以你在对每个人说"不"之前，都等了太久太久。由于你的个人边界不断地遭受侵犯，你的脚趾早已经青一块紫一块了。由于你一直避免说"不"，也没有为自己的时间和精力设置明确而坚定的限制，你现在可能会发现，自己的耐心和自我控制能力已经临近极限了。

然而，要解决这个问题，就不能再放弃说"不"的机会了。正如上面的类比所示，你越是拖延说"不"，你就越有可能把堆积如山的怨恨和沮丧发泄出来。

▶ 一旦你允许自己在某些时候，对某些人说"不"，你就在治愈讨好综合征的道路上迈出了最重要的一步。

―――――― **态度调整：好人可以说"不"** ――――――

只要允许自己说"不"，你就能从肩膀上卸下沉重的负担。下次当你说"好"，但实际上想说"不"的时候，请记住下面这些正确的想法。

- 在有些时候，你需要对有些人说"不"，这样才能保持为生命中最重要的人付出的能力。
- 你需要像对待别人一样善待自己。
- 如果你在想说"不"的时候说"好"，这种行为才应该让你感到内疚——而不是反过来，因为内疚而强迫自己说"好"。因为说"不"是为了保护你的身心健康与幸福。
- 你作为一个人的价值并不取决于你为别人做了什么。有时候，对有些人说"不"，并不会减少你在他们眼中的价值，反而有可能提升你的价值。

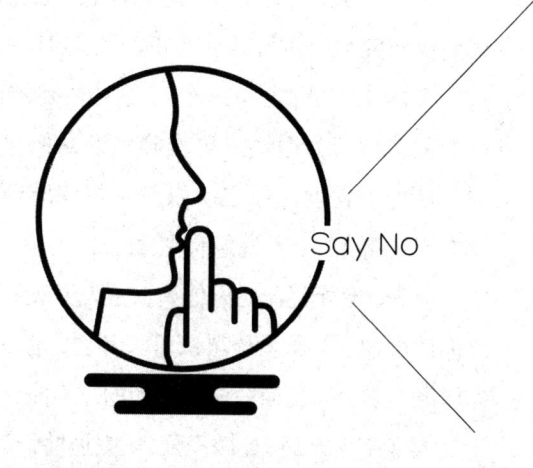

第二部分

讨好习惯

读到这一页的时候,你也转过了"讨好症三角"的第一个角,从"讨好认知"来到了"讨好习惯"。在三角形的这一条边上,我们要研究构成讨好综合征的行为习惯。

实际上,"行为"这个词是一种委婉的说法,描述的是你陷入的强迫性行为循环。更准确地说,你讨好他人的行为习惯已经到了成瘾的程度。你之所以对讨好症成瘾,是因为有两种东西能让你"过瘾",或者说给你奖励。

首先,你沉迷于讨好他人,是为了从重要他人(也包括每个愿意给你认可的人)那里获得认可。其次,你之所以会上瘾,也是因为你已经"学会"相信,讨好别人的行为能让你避免遭到别人的否定。

事实上,人们的讨好习惯从强迫性行为转变为真正的成瘾,更多地是为了避免否定,而不是为了获得认可。如果一种习惯行为的驱动力,是避免痛苦或消极的事情(如否定)发生,而不是为了获得积极或有益的东西(如认可),这种强迫性行为就会变为成瘾行为。

从行为角度来看,讨好综合征是指你承担了过多的任务,将有限的资源过度分散,因为你很少说"不",不能有效地委托别人做事。这种行为所带来的结果是,你试图取悦的人(或避免触怒的人)会越来越多,直到他们成为负担和严重的压力。

让你上瘾的认可有许多形式,包括欣赏、赞美、接纳和爱。你想要回避的否定也有多种形式,如排斥、抛弃、批评,或者爱与情感的收回。

就像其他成瘾行为一样,讨好习惯所带来的奖赏是随机的、偶尔出现的,而不是稳定持续的。就像抽奖者会沉迷于周期性出现的随机大奖一样,你也会沉迷于某些(但不是所有)讨好习惯所带来的赞扬,以及免于批评或排斥的时刻。为此,你发现自己必须讨好的人、必须满足的要求和需求越来越多，这样才能增加你获得奖赏的频率。就像一个输多赢少的人一样，你也会因为努力让每个人都喜欢你、接纳你而筋疲力尽。

这种对认可的强烈需求，导致你放弃了对自己时间与精力的控制权，也放弃了在亲密的人际关系中的控制权。这种对认可的需求源于童年。在养成讨好习惯的过程中，你学会了渴望父母给予的表扬，也学会了避免他们的批评、否定与排斥。在小时候，学会讨好重要的、有权力的大人，可能是一种有用、有益的行为。但是，就像上一部分谈到的讨好认知一样，寻求认可、避免否定的强迫性行为可能已经不能再为你服务了，因为你已经长大成人。

你可能依然在徒劳地寻求父母的认可。但现在，你对爱与接纳的需求，也会让你很容易沉迷于痛苦而坎坷的恋情。此外，你的讨好症会让你在无意识的情况下，成为有敌意的伴侣的帮凶。接下来的章节会帮你意识到，你的讨好习惯实际上是在奖励和延续你愤怒的伴侣对你的虐待。

或者，你可能会用你的讨好习惯善意地操纵伴侣，从而避免你最大的恐惧：抛弃。在这种情况下，你的讨好习惯会促使你竭力满足伴侣的所有需求，证明你对他的生活是必不可少的。你错误地推想，如果你让他足够需要你，他就永远不会离开你。可惜，这种做法通常会失败。

就像前面的章节都有"态度调整"板块一样，第二部分中的每一章最后都会有"行为调整"板块，来指导你采取具体的措施打破讨好症的成瘾循环。记住，讨好症三角有一个特点，那就是只要在任何一条边上做出一个改变（迈出一小步），就能引发一连串的积极反应，促使你走向康复。

第 7 章

学会讨好：对认可成瘾

玛丽莲想不起自己的讨好习惯究竟是从什么时候开始的。更准确地说，她记不起自己何时不会讨好他人。

"我一辈子都是这样的，"玛丽莲解释说，"我想，我是跟我妈妈学的。她总是教育我，'好女孩'就要照顾别人。事实上，我妈妈让我做事的方式是，'亲爱的，做个好女儿，帮我个忙（或做点家务）'或者'亲爱的，做个好孩子，再做一件家务（或者再帮一个忙）'。"

然而，玛丽莲与父亲的关系更差。父亲对她的行为和外表非常挑剔，尤其是在她进入青春期的时候。他父亲喜怒无常，玛丽莲学会了不要以任何方式挑战他的权威。玛丽莲回忆说，她通过"保持低调，预测他的需求，为他做事"来"避免"父亲发火。在家里，玛丽莲磨炼了自己的讨好技巧，因为这样可以保护她免受父亲的愤怒和批评，获得父亲条件苛刻的认可。

就像许多女人一样，玛丽莲在童年早期就学会了讨好别人。因为玛丽莲爱她的母亲，认同她的母亲，所以她以母亲为榜样，模仿母亲的行为，这让她感觉很好。而且，她也通过直接的经验学到，做个"好"孩子，讨好他人，就能获得母亲的爱——如果运气好，还能得到父亲的认可。

几乎所有人都喜欢获得生活中的重要人物的认可。但是，对于讨好者来说，赢得他人的认可，避免他们的否定则是他们做事的主要动力。实际上，如果你有讨好症，避免否定可能比获得认可更重要。

你对认可上瘾了吗

毫不夸张地说，大多数讨好者都对获得认可、回避否定成瘾。你呢？

做一做"你对认可上瘾了吗"测验，看看你的讨好问题在多大程度上是由这些强迫性行为造成的。

测验：你对认可上瘾了吗

阅读下面的表述。如果符合或基本符合你的情况，就圈出"是"；如果不符合或基本不符合你的情况，就圈出"否"。

1. 如果有人不认可我，我就觉得自己不是很有价值。　是　否
2. 让生活中的所有人都喜欢我，对我来说非常重要。　是　否

3. 我总是需要别人的认可。　　是　否

4. 如果有人批评我，我通常会非常沮丧。　　是　否

5. 我相信我比大多数人都需要别人的认可。　　是　否

6. 我需要别人认可我，这样我才能觉得自己有价值。　　是　否

7. 我的自尊似乎在很大程度上取决于别人对我的看法。
　　是　否

8. 如果我知道有人不喜欢我，我会非常烦恼。　　是　否

9. 别人对我的情绪有很大的控制力。　　是　否

10. 我想要所有人都喜欢我。　　是　否

11. 我需要别人的认可才能感到快乐。　　是　否

12. 如果我必须在获得他人的认可与尊重之间做出选择，我会选择认可。　　是　否

13. 在我做出重要决定之前，我似乎需要得到每个人的同意。
　　是　否

14. 别人的赞扬和认可能给我非常强烈的鼓励。　　是　否

15. 我总是非常关注别人对我生活方方面面的看法。　　是　否

16. 每当有人批评我时，我都会产生很强的防御心态。
　　是　否

17. 我需要每个人都喜欢我，尽管我并不真心喜欢每个人。
　　是　否

18. 我几乎愿意做任何事情，来避免那些重要的人否定我。
　　是　否

19. 在一群人中，只要有一个人批评或否定我，就会让我很难受，哪怕其他人都在称赞我。　　是　否

20. 我需要别人的认可才能感受到爱。　　是　否

计分与解释

首先，数一数你选"是"的次数。下面是你总分的含义：

- 总分为 15~20 分：你沉迷于获得他人的认可，并避免他们的否定。而且，由于你认为你需要所有人的认可，你的渴望永远不会得到真正的满足。你对认可的成瘾是你患上讨好症的主要原因，这需要你立即做出改变。

- 总分为 10~14 分：你可能还没有对认可上瘾，但你肯定非常关注他人对你的想法。你渴望获得认可，这很容易发展为成瘾，这是一个你需要立即关注的问题，因为这个问题在你讨好他人的模式中起着重要的作用。

- 总分为 5~9 分：你对认可有着中度的需求，不算上瘾……至少现在不算。然而，即使在这个水平上，你仍然渴望得到别人的认可，关心别人对你的想法，这仍然很容易让你产生讨好他人的问题。虽然你对认可的需求不像讨好症的其他原因那样重要，但你仍然应该保持警惕。

- 总分为 4 分或以下：对于讨好症患者来说，你对于认可的需求非常低。检查你的答案，确保你认真、坦诚地回答了每一个问题。否认是自我觉察的敌人。

除了解释总分以外，看看你对个别问题的回答也很有帮助。总分在总体上反映了你需要他人认可，对他人的批评、否定高度敏感的倾向。但你对个别题目的答案也可能很重要，很有启发性。再看一遍各项表述。尤其注意那些最符合你思维方式的问题。

对认可成瘾的危险性

重视他人的认可,尤其是那些你爱的、尊重的人的认可,既没有错,也不是不健康的。想要别人喜欢你,是一种完全自然的人性渴望。但是,如果你对被喜欢、被认可的追求变得欲罢不能,或者说,如果否定让你感到不堪重负、如末日降临,那么你就已经进入了危险区域,在这里行走如同脚踏薄冰之上。

正如上述测验所示,如果对认可成瘾,那么你就相信,获得他人的喜爱与认可对你的情绪健康来说是至关重要的。你不仅仅是想被别人喜欢;你也需要这样。对你来说,这不仅是一种渴望,而且是必不可少的,就像氧气一样。

就像对其他事物成瘾一样,无论是什么样的认可与喜爱,你都来者不拒。认可无法在你心中留存。无论你今天获得了多少认可和喜爱,都不会持续太久;明天你又会渴望得到别人的认可。正是因为昨天人们喜欢你,你的不安全感(只会因为成瘾而愈演愈烈)会促使你今天再去赢得他们的尊重与认可。

批评让你非常难受,因为你把批评看得过于重要。对认可成瘾的人,总是给批评赋予了过多的个人色彩。在一定程度上,这是因为讨好者这类人,尤其是对认可成瘾的人,不能清晰区分他们是谁,他们做了什么——分不清他们作为人的本质与他们的行为。

如果你对认可成瘾,那么当你的工作成果受到批评时,你的情绪反应就好像说明,你作为一个人的价值都被完全否定和贬低了。因此,面对针对你的任何批评,你都会产生防御心态,或者变得心烦意乱(也许两者皆有),这也就不足为奇了。

成瘾者要感到快乐、有价值，就必须获得认可，因此他们会不惜一切代价避免遭到否定。对于多数沉迷于认可的人来说，避免否定是一个强大的动机，因为否定比认可与喜爱更常见。

仔细想一想，在日常生活中，没有人会一直获得别人的喜爱和认可。即便是最受欢迎的人，也只能偶尔获得公开的认可与赞扬。

可能在大多数时候，社交互动只是中性的，或者带着温和的客套与礼貌。人们往往不会公开表达赞扬，通常只会留给别人去推测。如果一个人不断需要别人保证，他是被喜欢、被认可的，那么这个人就会被贴上"没有安全感""烦人"甚至更糟的标签。

▶ **没有人能时刻得到所有人的认可。认可之所以如此令人上瘾，正是因为它只会在有些时候出现。**

本能与习得的行为

为了制订行之有效的策略，改变你讨好他人的行为，你需要了解控制所有行为的基本机制。

人类的行为可以大致分为两类。第一类是先天的行为，是由我们的本能所决定的——都写在我们的生物基因密码里了，这是我们与生俱来的秉性。假如发育正常，我们所有人都会产生先天行为，无须任何人的指导。例如，婴儿会翻身、坐立、爬行，最终会直立行走，不需要任何人教他们怎么做、做什么。所以，先天行为不需要学习。

第二类行为是后天获得或习得的。讨好是后天习得的行为，是在他人主导的过程中发展而来的——要么是通过榜样示范（你试图模仿他人），要么是通过提供重要的奖励。

> ▶ **没有人生来就是讨好者。重要的是，讨好是一种习得的行为，也可以被我们遗忘；也许，更准确地说，我们可以用更有效的方式重新学习讨好，让我们在情绪与身体上付出的代价更小。**

讨好者是如何学习的

第一种也是最基本的学习形式，叫作榜样示范。这意味着你通过模仿生活中的重要他人来学习。就像大多数讨好症患者一样，你父母中有一方或双方可能是你的榜样，而你通过模仿他们学会了讨好习惯。重要的是要认识到，你自己的孩子很可能正在通过模仿你，来学习讨好他人的习惯。

在第二种学习过程中，人们之所以会学习某种行为，是因为这种行为能带来奖励，或者是因为它能够避免或阻止某些不愉快、痛苦的事情发生。如果在好的行为发生后立即给予奖励，这种奖励（正强化）就会增加相同行为在未来出现的可能性。我们大多数人都非常熟悉通过奖励来学习的过程。当孩子和宠物按照我们鼓励的方式行事时，我们就会本能地给予赞美和奖励。

然而，大多数人往往不太熟悉负强化的概念。然而，通过负强化习得的行为习惯，可能比通过直接奖励习得的行为更加顽固。而且，每个讨好者都接受过负强化的训练，尽管他可能不了解这个正式的术语。

我们之所以能通过负强化学习行为,是因为这种行为能避免或阻止不快或痛苦的感觉或体验。负强化(负奖励)的重点在于避免坏东西,而不是获得好东西。然而,就像正强化一样,通过负强化学到的行为在未来也更有可能再次发生。

你的讨好习惯是通过正负强化学到的。当讨好习惯获得赞美、欣赏、接纳或爱等认可的时候,这种习惯就会得到正向的强化或奖励。然而,当你的讨好习惯避免或制止批评、排斥、情感的缺失、惩罚或抛弃等形式的否定时,你的行为就会得到负强化。

你是如何沉迷于认可的

对几乎每个人来说,重要他人的认可都是一种高效的奖励。从婴儿期开始,我们的行为就会深受认可的影响与塑造。我们的生物基因本能以及最深刻的社会教化,会促使我们寻求他人的赞扬与认可——尤其是那些我们最看重的人的赞扬与认可,因为他们控制着奖励(比如爱、社会地位、学业成绩、薪酬,等等)。

▶ **讨好者会上瘾,是因为他们的行为能带来他们渴望的认可。**

讨好他人能让你感觉很好,这是因为随着时间的推移,这种行为已经与认可联系在一起了。如果某件事让你感觉很好,你就倾向于多做这件事情,来维持这种良好的感受。

几乎所有讨好者都像玛丽莲那样,从一开始就知道,做别人想要的事,让别人开心,就能直接获得最为重要的认可。认可就像正强化的货币,能够给予直接的奖励,延续讨好习惯。

如果讨好他人的愿望有一定的边界，那将是一种非常好的品质。例如，这种边界可能包括，你只取悦直系亲属和最亲密的朋友；还可能包括，能够审慎地选择对核心圈子以外的人说"好"或"不"。问题在于，由于讨好习惯会得到认可，讨好者会有一种强烈的倾向，渴望更多地讨好他人，超出了合理的边界与限制。对讨好者而言，认可是一种奖励，所以他们会竭力取悦身边的人，让自己成为受害者。可想而知，那些讨好习惯的受益者，比如那些满意的"顾客"，会回来索取得越来越多。因此，他人的要求会越来越多。与此同时，讨好者需要尽力取悦的人也会越来越多。

> ▶ 讨好者会被讨好症所困，是因为他们不能、不会说"不"。

毕竟，讨好者已经学到，说"好"（无论是口头上的表示，还是通过顺从的行为表示）与获得认可的奖励是联系在一起的。我们已经说过，讨好症不仅是好人的问题——因为他们要取悦太多的人，或者为那些人做了太多的事情，以至于力不从心。在某种程度上，讨好已经不是一个选择了。相反，这种行为更像一种根深蒂固的习惯，呈现出了有害的特征，并且最终会成为一种强迫性、成瘾的行为模式。

成瘾的原理：两只鸽子的故事

作为一个对认可成瘾的人，你会用过于笼统的方式思考，想要被每个人喜欢。就像一只渴望爱抚的小狗一样，你很乐意随时得到所有人的认可。然而，在现实中，对认可成瘾的人（就像真实世界上的其他人一样）只能在某些时候，从某些人那里获得他们迫切需要的认可。讽刺的是，正是这种不确定的、偶尔的强化，维持了你对于认可的依赖。

与直觉相悖的是，如果行为只会在有些时候（而非所有时候）带来奖励，才会产生成瘾。如果奖励是随机的、不可预测的，成瘾就会发展、恶化。这种强化或奖励被称为"成瘾模式"——随机、偶尔地奖励那些充满希望的赌徒。

同样地，如果你是一个对认可成瘾的讨好症患者，那么每次你为别人做好事的时候，其实你沉迷的是获得认可的可能性或希望，即便你并不是每次都能获得赞扬，你也会欲罢不能。事实上，你很少（甚至从来不会）确定自己能够得到认可。正如下面的例子表明，奖励的确定性、保证与一致性与成瘾体验并无关系。

有一项研究成瘾本质的实验，很好地证明了随机、不确定的强化是如何起作用的。这是一项经典的心理学研究，能够加深你对自身成瘾的了解。

这项研究中有两只鸽子，它们都有一阵子没有进食了，这是为了用饥饿来激励它们。第一只鸽子被放进了一个特殊的笼子，叫作"斯金纳箱"——以著名行为心理学家 B. F. 斯金纳（B. F. Skinner）的名字命名。在斯金纳箱中有一个杠杆，鸽子可以用喙来按压。杠杆下有一个食槽，用来装鸽子的食物颗粒。

第一只鸽子在笼子里摸索了一会儿后，它的喙碰到了杠杆。下压杠杆的时候，一粒鸽粮会出现在食槽里，被饥饿的鸽子一口吃掉。得到食物奖励后，这只鸽子会再次按下杠杆，然后它会再次得到鸽粮。这种"一次按压，一粒鸽粮"的模式会持续下去。

几分钟后，鸽子就养成了心理学家所说的"强烈的按压杠杆的习惯"。

1号鸽子按压杠杆的习惯得到了绝对稳定的、不间断的强化。这意味着每次鸽子按下杠杆，都会得到一粒食物。

现在，2号鸽子进入了第二个笼子。几分钟后，所有情况都与第一只鸽子一样。2号鸽子每次按下杠杆，都会得到一粒食物。然而，一旦2号鸽子养成了按压杠杆的习惯，它的境况就会发生变化，而最终的结局并不美好。

2号鸽子不会在每次按压杠杆的时候都获得奖赏，实验者采用了随机（不确定）奖励模式。这意味着鸽子可能连续按压四五次都不会得到食物，只有按第六次时才会得到食物。后来，2号鸽子可能连续按压20次都没有奖励，但在按第21次时会获得食物，并且在按第22次时再次获得奖励。但是，在按了22次之后，这只鸽子可能需要按更多次杠杆，才能再得到一粒食物。

简而言之，第二只鸽子面临的情况是，只有在有些时候，它按杠杆才会得到奖励。鸽子不能准确预测什么时候能得到下一粒食物，因为奖励是随机的。实验的最后一步是记录每只鸽子在没有任何奖励的情况下坚持按压杠杆的时间。两只鸽子都不会再得到食物。就我们的目的而言，我们感兴趣的是找出哪只鸟在没有任何强化的情况下，按压杠杆的时间更长。对于斯金纳箱中的鸽子来说，在没有任何强化的情况下按压杠杆，就代表了成瘾行为。你认为哪只鸽子按杠杆的时间更长？

如果没有得到食物，1号鸽子只按了一会儿，可能不到1分钟。第一只鸽子之前得到的是连续的奖励，它在奖励停止后很快就不再按压杠杆了。实际上，鸽子发现，如果没有更多的奖励，按杠杆就没有意义了。于是它从杠杆旁走开了，想必已经心满意足了。

但2号鸽子则完全不同。这只倒霉的鸟儿一次又一次地按下杠杆，却没有任何奖励，最终它因疲劳而倒下。这只鸽子是真的对按杠杆上瘾了。它似乎完全无法停止这种行为，即使按压杠杆没有回报，令它筋疲力尽。

从人类的角度来看，第二只鸟之所以坚持这种自我挫败的习惯，是因为它沉迷于一种希望或可能性：下次（或者下下次，再下一次……）按压杠杆的时候，食物就可能出现了。

同样地，你之所以对认可成瘾，是因为你从别人那里偶尔（而非持续）获得的欣赏、感激或喜爱让你欲罢不能。

▶ **没有人能随时获得认可，这正是认可让人成瘾的原因。**

你是寻求他人认可的鸽子吗

那项鸽子的实验，是行为主义心理学中经典的成瘾范式。那个例子有力地表明，你为他人做好事的倾向是如何恶化成一种强迫性成瘾模式的。对于这种模式，你似乎几乎无法选择，甚至无法控制。

要解释某种上瘾的、强迫性的习惯，就得探索讨好习惯所带来的强化具有哪些模式与性质。理解随机的、间歇性的奖励的力量才是关键所在。

打个比方，你变成了一只寻求他人认可的"鸽子"。你的杠杆更像抽奖机的杠杆，而你这个抽奖者正在不断地往抽奖机里扔钱。事实上，抽奖机与斯金纳箱的杠杆非常相似，以至于许多人都将"成瘾模式"这个词用作间歇性强化的代名词。

想象你站在一台抽奖机面前,一个硬币接一个硬币地往里扔钱,一次又一次地拉动杠杆,却没有获得奖励。然而,每隔一段时间,就会有大奖出现。硬币叮当作响,倾泻而出,而你体会到了抽奖的乐趣,狠狠地过了一把瘾。

然而,事实上,你在不中奖时失去的钱,比你在中奖时得到的要多得多。周期性的、不可预测的回报,让你玩起抽奖机来就停不下来,因为你希望多中奖,中大奖。尽管你满怀希望,你的钱包却一直在变轻。

想要从更多人那里获得更多、更频繁的认可,这种渴望也是以这样的方式形成的。但生活的现实是,你为别人做的很多事情,都没有得到认可或感谢。对于家人和密友来说尤其如此,他们已经开始期待甚至认为,你就应该为他们做许多事情。也许你的行为值得赞赏,但认可与感谢通常没有表达出来,至少不会在你每次付出的时候都有人表达感谢。

你沉迷的是一种关于认可的"成瘾模式"。你得到的回报不是叮当作响的硬币,而是"偶尔有人会真正感谢我所做的事"。而且,由于你似乎只会在某些时候得到认可,所以你想要讨好更多的人。你这样做是为了提高获得认可的频率——这是你求之若渴的认可,你的快乐就依赖于这种认可。

这就好像你决定同时玩四台抽奖机,因为这样一来,你中奖的概率似乎更大了,中奖时的铃声与硬币的叮当声听起来就更令人满足了。你输掉的钱很可能会一直比你赢回来的多。你不断地试图往所有的抽奖机里塞钱,弄得自己疲惫不堪。在短时间内,你可能会感到暂时的快乐,因为回报来得更频繁了。随着时间的推移，中奖的喜悦不再，只剩下强迫性地往机器里塞钱的麻木。最后，你筋疲力尽，很可能也身无分文。

对讨好者来说，同时玩好几台抽奖机，比喻的就是你为越来越多的核心圈子以外的人，做许多特别好心的事情。这样一来，你获得认可与赞赏的可能性似乎真的增加了。

但是，随着你讨好人数的增加，讨好的压力也在不断增大，最后你会陷入他人需求的旋涡，感到筋疲力尽，甚至心怀怨恨。

然后，你会觉得自己完全失去了控制权，陷入了压抑的循环——这种循环是由你的善意和你无法说"不"所造成的。满足他人的需求，获得他们的认可，曾经是你快乐和满足的源泉，最后让你不堪重负，甚至成了沉重压力的来源。

由于越来越多的人向你明里暗里地提出各种要求，所以你可能会疏远最亲近的人，包括亲人与密友。你最后可能完全顾不上自己的需求，除非这种需求涉及取悦他人。

▶ **当你的动机从寻求认可转变为避免否定时，讨好症就完全变成成瘾行为了。**

心理学家认为良性的习惯与有害的成瘾不同。后者的行为主因不再是获得良好的感受，而是避免停止行为、打破习惯所带来的消极感受。

为了避免否定，你愿意做多少事

50来岁的萨曼莎是一位迷人的女子，她曾经结婚7年，有过一个儿子。她在30岁出头就离了婚，一直没有再婚。

萨曼莎是个"军二代"。她父亲是一名军官，每当父亲被派驻到新的地方，全家就要从一个基地搬往另一个基地，而她的母亲是个"完美的军嫂"。作为独生女，萨曼莎回忆起自己的童年，不禁悲从中来。

"我从来没有在一所学校待过四年以上，通常少于四年，"萨曼莎解释道，"我一直是个好学生，父母要求我表现优异，但我一直觉得自己无法融入其他孩子。我一直想要的就是让每个人都喜欢我。我记得不被邀请加入俱乐部、不被邀请参加聚会的痛苦，以及偶尔受到邀请时的喜悦。我想，这就是为什么对我来说，被人喜欢、有很多朋友是如此重要。"

"我知道，我不是男孩，我父亲对此非常失望。所以我从来不觉得我能让他快乐。我想这就是为什么赢得他的认可对我特别重要。"

"如果我考了高分，或者在他们的聚会上打扮得'漂亮迷人'，或者只是待在自己的房间里，不去打扰他们，他们就会说我是'好女孩'，还会说他们爱我。"

"但是，如果我做了错事——可能是没有打扫房间，或者将军到我家喝酒时没有微笑，他们就根本不会理我，有时会持续好几天。和他们一起长大真是精神上的折磨。"

萨曼莎嫁给菲尔是为了离开父母。在他们恋爱期间，菲尔既浪漫又善良。萨曼莎相信，她选择的丈夫与她挑剔、冷酷的父亲完全不同。

然而，他们结婚后不久，菲尔就变了。用萨曼莎的话说，他很快就变得"苛刻、难以接近、刻薄……就像我父亲一样"。

"他一成为我的丈夫，就好像把我当成了他的私有财产。他想控制我生活的方方面面。不正常的是，我竟然让他这么做了。他会告诉我该穿什么、该做什么、该有什么感受。他会不断批评我的育儿方式，并且告诉我，我们的儿子长大后会恨我。"

"他的残忍和控制让我觉得，仿佛我又和父母生活在一起了。我只是想让他为我感到骄傲。为了得到他的认可，我愿意做任何事。我觉得他从没有爱过我这个人。"萨曼莎若有所思地说。

为了取悦情感疏远、充满敌意的丈夫，萨曼莎费尽了心力。讨好和顺从是她所知道的唯一的生存之道，只有这样她才能应对否定和抛弃的双重威胁。最后，菲尔还是离开了她。

"当他为了另一个女人离开我的时候，我的自尊已经低得不能再低了。我甚至都不知道自己是谁了。我活着就是为了让他快乐。但是，我没有办法让他满意。"

"我花了好几年时间才对我的育儿方式有了一些自信。但是，每当我儿子和他父亲在一起时——尽管这种情况很少，我还是会感受到威胁。我儿子现在已经长大成人了，我必须很小心，不要让他像他父亲那样操纵和控制我。"

"从那以后，和我交往过的每个男人都知道我有多需要别人的认可。我的儿子也知道。我可以看到，在一段关系中,我就像一个听话的小木偶,把控制我的线交给了对方。"她自嘲地说。

"真正可笑的是,我居然还在试图努力得到我父亲的认可。太荒谬了。他已经83岁了,但还是一如既往地挑剔和冷漠。我一直希望,他在去世之前能让我知道,他是真的爱我。但是,他永远不会认可我,因为我是女儿,而他只想要个儿子。难怪我总是觉得自己不够好。"

按压你的杠杆

当你试图从一个永不满足的人那里获得认可时,你就像我们之前看到的那只倒霉鸽子一样,陷入了恶性循环。萨曼莎的故事就是这样的例子。

好消息是,萨曼莎的进步很大。在治疗中,萨曼莎学习了纠正她自我挫败的思维方式,以及试图让所有人喜欢她的习惯。她明白了,是她对认可的成瘾让她成了控制狂的主要目标。他们很快就会发现,他们很容易操纵她,也很容易对她进行情感折磨。

萨曼莎现在正在和几个不同的男人约会,但这是她有生以来第一次与自己建立了良好的关系。

"我终于意识到,在这个年龄,别人喜欢我并不是最重要的事,尤其是,如果我为了取悦他们而做的事情让我无法了解和喜欢我自己,他们喜不喜欢我就更不重要了。我现在知道了,让每个人都喜欢我、认可我是根本不可能的，我觉得这真的不重要。"

后来，她补充道："现在我得到了自己的认可，我对自己的感觉比以往任何时候都好。"

行为调整：打破你对认可的成瘾

仅仅因为你可能对认可成瘾，并不意味着你注定要无助地沉迷其中。即使你上瘾了，你也可以改掉讨好他人的习惯。这里有一些重要的步骤，可以帮助你从现在开始改变：

- 你（或任何人）不可能在所有时候得到所有人的认可。所以你最好不要把自己弄得筋疲力尽，去做那些不可能的事情。
- 如果你一直习惯性地试图获得所有人的认可，你就会像那个成瘾的2号鸽子那样疲惫不堪、心灰意冷。鸽子的脑子很小，而人类则不一样。
- 试图让每个人都喜欢你，只会加深你的自卑感。这样永远不会让你对自己感觉更好。
- 得到别人的认可可能会让你感觉很好，尤其是这些人是你喜欢和尊重的人时。但是，你不需要别人的认可来证明你作为一个人的价值。
- 有些人可能永远不会喜欢你、认可你，这是因为他们有自己的问题，而不是因为你是谁，或你做了什么。
- 最重要、最有效、最持久的认可是你对自己的接纳。要对自己的判断和价值观有清晰的认识，并据此来管理自己。
- 要用选择来代替强迫性的习惯。要有意识地考虑你在做什么，为什么要这样做。

第 8 章

你为什么得不到父母的认可

如果父母把爱作为一种有条件的奖励,他们就会把孩子变成寻求认可的成瘾者,进而成为讨好者。如果孩子的行为表现令他们满意,这些父母就会给孩子贴上"好"的标签,认为他们值得被爱;但如果孩子不能取悦他们,他们就会把爱收回。这就是有条件的父母之爱,对孩子可能有毁灭性的打击。

从这个角度来看,寻求认可与讨好他人是孩子的应对技能,是在可怕的、无法控制的情感环境中发展出来的。

对于非常年幼的孩子来说,父母是无所不能的存在,几乎控制着一切重要的事物,包括爱与保护。早在婴儿时期,孩子就学会了将父母的笑脸、赞许的声音与爱和安全感联系起来。

当孩子意识到,爱必须靠努力去赢得,爱依赖于"好"的表现,依赖于取悦父母时,问题就出现了。于是孩子认为,如果他不能取悦父母，父母就不会再爱他了。在孩子的简单世界里，爱一旦被收回，可能就永远消失了。这会让孩子产生被抛弃的恐惧。

在年幼孩子的心中，他这个人是谁，与他做出了什么行为，这两者之间并没有什么实质性的区别。因此，如果在一个家庭里，爱是有条件的，那么孩子作为一个人的价值，就会与他的行为混为一谈。

在这种心理逻辑下，做"坏事"就等同于"坏"；做"好事"就等同于"好"。在这种有条件的情感环境中长大，孩子就会将讨好他人与"好"联系起来，也就意味着他有价值，值得被爱。相反，"坏"则意味着别人对你的否定；而否定意味着不再有人爱你，因为你不配。当你不值得被爱，人们离你而去的时候，你就会感到被抛弃、不安全、痛苦不堪。

如果父母的爱是有条件的，你就可以理解孩子所面临的情感风险了。认可是爱存在的信号，在孩子的心中有着重大的意义。如果孩子通过取悦父母，看到了父母认可的迹象，孩子就会感到被爱、有价值和快乐。认可表明，至少在目前，孩子是安全的，不会被抛弃。

相反，否定则非常危险。如果这些父母否定孩子，他们就否定了孩子的价值，剥夺了孩子的安全感。认可是爱与安全的信号，即便是一丝一毫的否定也会预示着抛弃、危险与恐惧。

▶ 如果孩子得到了无条件的爱，他们就会学到非常重要的一课。他们会理解，作为人的价值与他们的行为是否正确之间是有区别的。

在一个环境中，如果有着无条件的爱，那么当孩子做出不良行为时，父母的言行就会表明："我们爱你，但我们不喜欢你的行为。"

无条件的爱中蕴含着一个承诺：父母承诺他们会爱孩子，仅仅是因为他是他们的孩子。表扬与认可只是为了影响孩子的行为选择。认可仍然是一种奖励和强化。但是，对行为的认可与孩子是否有价值、是否值得被爱是无关的，所以认可不会成为一种事关重大的安全信号——只有当家里的爱是有条件的时候，认可才会如此重要。在这种情况下，否定和批评也不会让孩子的心理拉响警报，以为危险即将来临，或者自己即将遭到抛弃。

对于否定和抛弃的恐惧常会伴随孩子的一生，我们在上一章看到的萨曼莎就是如此。成年后，他们对别人最轻微的否定会非常敏感。童年的情感包袱会让成年后的认可成瘾者对批评产生强烈的焦虑。

这些人会轻易地把控制权交给别人，他们几乎愿意做任何事情来减轻被抛弃的恐惧——这种恐惧是由批评、否定，甚至不受喜爱的暗示所引发的。他们一生都在磨炼讨好的技巧，为了让自己再次感到安全（或稍稍安全一些），他们会诚惶诚恐地安抚那些否定他们的人。

酗酒父母的成年子女

许多讨好者都是酗酒父母的子女。对他们来说，讨好这种获得认可的手段，是对父母行为的回应。由于这些父母受到了酒精的控制，他们的行为前后不一、令人困惑，往往令人恐惧。

从年幼孩子的角度来看，酗酒的父母就像变色龙一样，行为反复，喜怒无常。例如，他们的父亲原本可能既温暖又慈爱。但是，一个小时后，几杯酒下肚，这位父亲可能就会变得冷漠、疏远，或者毫无理性地暴怒。

在上午和下午，酗酒的母亲可能会保持清醒，很好地照顾孩子的需求。但是，到了傍晚，在她等待丈夫下班回家的时候，她就可能开始小酌几杯。到晚餐的时候（常常根本没有晚餐可吃），她可能已经昏睡过去了，无法在情感上陪伴孩子。或者，她可能哭得伤心欲绝，哀叹生活的艰辛与不幸。

酗酒者的世界对孩子来说，是一个令人困惑而累人的地方。那里也很可怕。因为父母（原本应该照顾孩子、无所不能的成年人）几乎不能照顾好自己。父母因酗酒而失控，而孩子则感觉彻底失控了。

与此同时，这些孩子觉得自己肩负着沉重的责任：他们要"治好"他们的父母。即使孩子年纪太小，无法清楚表达自己的想法，他们依然会去寻找父母酗酒的原因，甚至经常因此责怪自己。例如，孩子可能会认为，如果他的父母对彼此、对他不是那么不开心、失望或生气，他们就不会借酒消愁了。

为了在混乱的环境中建立秩序，酗酒父母的孩子会试图通过做"好"孩子、做"好"事来让父母开心。如果父母对孩子表示满意和认可，孩子就会推测，也许父母不再那么想喝酒了，或者至少父母醉酒给孩子带来的后果不会那么糟糕。

酗酒父母的孩子总是满怀希望、过度负责，他们试图取悦父母，赢得他们的认可，这样"坏事"（酗酒以及酒后常有的虐待）就不会再发生了。一旦父母不能戒酒，孩子就会责怪自己不够好。

如果表现好并不能阻止父母喝酒,孩子就会希望至少自己能够远离麻烦,这样父母就不会把非理性的愤怒发泄在他们身上了。通过保持低调、不引起父母注意来避免遭到否定和批评,是孩子在酗酒家庭中最安全的生存之道。

> ▶ 成年后,酗酒父母的孩子往往对批评和否定依然怀有恐惧。虽然他们已经长大成人,但有关愤怒的深刻记忆,以及有关言语虐待、肢体虐待的痛苦记忆仍然会促使他们做出讨好习惯。那些记忆都与父母酒后的否定有关。

童年的排斥与对认可的成瘾

对认可成瘾,并不一定是由缺乏父母的照料导致的。在某些情况下,童年或青春期的创伤性社会经历,都可能会让孩子过度需要慈爱的父母给予他们认可,这种需要可能会延续到成年期,变成更具普遍性的成瘾。

几乎所有人都记得,在小时候,我们柔弱的、成长中的自我曾经遭受过几次有意无意的轻视、侮辱或排斥。如果排斥是你童年经历中的重要话题,那么这些伤害可能在你的人格中留下了一些印记,这种印记会表现为成年后对他人的认可与接纳极度敏感与渴求。

排斥有许多种形式,都可能会加剧孩子对认可的需求。例如,由于父亲的服役经历,萨曼莎必须不断转学。只要当过插班的新生(哪怕只有一次),任何人都能体会到多次转学带来的社会性挑战。萨曼莎的适应方式是成为一个讨好者，以此融入新的朋友圈。她母亲在社交上很得体，也很老练，于是她以她的母亲为榜样。

由于孩子可能很残忍，身体上的残疾、缺陷或畸形都可能导致社会排斥或排挤——无论这种排斥有多么没必要。同样地，种族、性别、性倾向或身份认同的其他方面，都有可能导致孩子遭受其他孩子的社交孤立。

在这种情况下，如果慈爱的父母能给予无条件的爱与明智的建议，就能极大地帮助那些遭受排斥、情感受伤的孩子。在社会排斥与消极情绪的海洋中，父母的认可可以成为唯一的避风港。对于这些人来说，他们在整个成年期内，都会不断需要父母和其他权威人士的认可，这似乎是生存所必需的东西。

仅仅是因为达不到"理想"的标准，或者某些刻板的审美、运动能力标准，就足以导致孩子（尤其是青少年）不受欢迎、被人讨厌。这些久远而深层的伤口甚至在成年后依然鲜血淋漓。

我有一个中年男性患者，尽管他现在是一位功成名就的律师，但每当他与两个或更多的男性见面时，他都会非常焦虑，很害怕遭到排斥。他把自己的焦虑归结于他小时候的经历：在参加团队运动的时候，他总是那个被挑剩下的人。

还有一位患者，她是一位40多岁、身材高挑、非常有魅力的演员。她坚称她仍然会感受到被排斥的痛苦，因为她曾是一个"身材瘦弱、长相滑稽、胸部平坦的女孩"，男孩们经常嘲笑她，受欢迎的女孩子也会排斥她。对于这两个人来说，在成年获得并维持他人的认可，并且得到广泛的社会接纳，是他们"扳回比分"的关键，因为他们需要补偿他们在成长过程中遭受严重社会排斥的剧痛。

虽然我们所有人都曾遭受过某种程度的排斥,但认可成瘾者的伤口仍然隐隐作痛。

你还在努力满足父母的期望吗

并非所有对认可成瘾的人,都来自有问题、不正常、亲子之间满是裂痕与冲突的家庭。在有些家庭里,亲子之间的关系很紧密,但这些孩子在长大后,仍然会有讨好父母的冲动。通常,成年子女会根据父母明确或隐含的愿望来做出重大的人生选择,以此来讨好父母。由于迫切需要讨好父母中的一方或双方,成年子女会努力满足他眼中的父母期望,从而获得并维持父母的认可。

如果你仍然试图满足父母的期望,以此来获得认可,那你大概遇到过以下两种情况之一。第一种情况是,在你小的时候,父母中有一方或双方过分地表扬你、溺爱你,以至于任何其他人的认可与评价都相形见绌了。没有人能像你父母那样,让你觉得自己很棒、很重要、很有才华,或者很特别。

因此,在青春期或成年期,你可能已经按照父母的期望去生活了。你这样做,是为了持续地获得只有你的父母才能给予的明确认可与赞扬。父母这样过度的表扬,可能让孩子感觉很棒。但是,长大以后,你可能不会再看重这种表扬,因为这种表扬毕竟来自你的父母。

还有一种情况,与萨曼莎的例子一样,你的父母可能有着十全十美的标准,他们可能要求过高,并且在表达认可时十分克制、有所保留。这种育儿风格可能会让你觉得自己永远不够好,或者你做的事情永远达不到他们的标准。而且，就像萨曼莎一样，你可能会一直试图获得那种遥不可及（而且可能一直遥不可及）的东西——父母始终如一的爱。

不管是什么原因让你不断争取父母的认可（要么是因为你得到的认可太多，要么是因为认可太少，太稀缺），但作为成年人，你为了满足别人的期望，要付出的代价实在太高了。

▶ **满足别人的期望，甚至是你父母的期望，会让你忽视自己的愿望，削弱你自我实现的能力。以父母高兴为标准，来指导你的重要人生选择是一种错误的策略。请记住，你过的是自己的生活，不是别人的。**

虽然对你来说，让父母高兴和自豪是理想的目标，也是你想要的，但你应保持谨慎，不要为此牺牲你的理想与幸福。父母的认可并不能克服或消除你对人生的不满。如果你对自己选择的学校、职业道路或婚姻伴侣不满意，那就应该由你来做出改变。

获得父母的认可可能是你想要的，甚至是理想的目标。但是，要对自己感觉良好，对自己的生活选择满意，父母的认可并不是必需的。

────── **行为调整：与父母相处的一些建议** ──────

- 你可能想要得到父母的认可，但要成为快乐、满足的人，你并不需要他们的认可。
- 如果你接纳父母本来的样子，而不是试图改变他们，或者让他们更加认可你、接纳你，你就会更快乐。他们很可能不会改变，而你最终可能会觉得自己不够好，甚至很糟糕。

- 你活着不是为了满足父母的期望与需要。你是来过自己的生活的。
- 你的孩子有他们自己的生活,他们不是来满足你的期望或需要的。
- 如果你的父母不认可你的生活,你也不必难过或不开心。更重要的是,你要尊重自己,认可自己。
- 如果你的父母没有给予你认可或无条件的爱,疗愈创伤的最好方式,就是用你希望父母爱你的方式来爱你自己的孩子。

第 9 章

不顾一切的爱

　　许多女人,尤其是那些患有讨好症的女人,似乎都觉得与男人的关系是有问题的。很多时候,这些女人会把她们的讨好习惯(有时是无意识的)作为温柔的枷锁,防止男人的离开。

　　有些人试图让伴侣依赖她们,从而防止被伴侣抛弃。这种做法有一个基本的逻辑:如果你能让一个男人需要你,因为你为他做了许多美好而重要的事情,那么他就永远不会离开你,让你忍受孤独的痛苦。

　　这种策略实际上是在利用讨好者自身对抛弃的强烈恐惧,将其作为一种良性的操纵手段。为了向伴侣证明自己对他的生活有多么重要,女人会努力照顾他的所有需求,把自己弄得筋疲力尽。讨好者错误地认为,如果她能让伴侣足够依赖她,到了离不开她的地步,就能确保伴侣永远和她在一起。

▶ 她忘记满足的一个核心需求是，伴侣也渴望能够被她需要。

可悲的是，许多用这种方式讨好伴侣的人都发现，操纵男人过度依赖自己（无论你的动机有多好，有多善良），到头来可能会迫使他做出你最害怕的事情：抛弃你。珍妮弗就学到了这种惨痛的教训。

珍妮弗与罗恩结婚四年了。在那段时间里，罗恩想要什么，珍妮弗都会尽心尽力地满足他。她在蜜月期间宣布，她要用一辈子的时间去"宠坏"她的丈夫。简而言之，珍妮弗全部的需求都变成了一件事：让罗恩需要她。她这样做是为了让罗恩依赖她，这样她的婚姻就会天长地久，不像她父母那样。

一年后，罗恩的确被宠坏了。他开始期望珍妮弗会照顾他，但很少给予她回报。到了第二年，罗恩对珍妮弗失去了性欲，不过他把自己性欲低下的原因归结为"压力与工作"。珍妮弗从不抱怨。事实上，罗恩的性生活很频繁，只是不是和珍妮弗一起。

她下定决心，如果罗恩能对她感兴趣，她仍然愿意和他在一起。她不想让罗恩因为她在性生活方面不满意而感到更多的压力，或者感觉自己不好。她很聪明，不会做这样的事，至少她是这么认为的。

珍妮弗相信她知道维持婚姻的秘诀。她会让罗恩依赖她，以至于他根本不愿意，也不可能离开她。

但是一天晚上，珍妮弗回家时发现床上有一封信，衣柜也空了一半，罗恩的衣服和私人物品都不见了。罗恩在信上说他想离婚，因为他爱上了另一个女人。他承认自己没有勇气面对珍妮弗，因为他不想看到自己造成的伤害。

罗恩写道："我知道你一直为我做了很多，我应该更加珍惜你。但相反，我感到越来越多的怨恨，甚至是愤怒，因为我觉得自己既软弱，又过度需要你的照料。我从不觉得你需要我，这让我觉得自己不像个男人。你应该找个更好的丈夫。请不要自责，珍。你是我见过的最好的人。"

珍妮弗发现，如果你在一段关系中播下了过度依赖的种子，你收获的可能不是你想要的东西。过度依赖的伴侣（尤其是男性伴侣），很可能会产生怨恨和愤怒的感觉，因为他的过度依赖让他感到脆弱与失控。与此同时，他的自尊和个人自主意识也减弱了。

讨好者的伴侣，比如罗恩，可能甚至没有意识到他们的愤怒有多强烈。相反，感到依赖的伴侣可能会通过疏远或其他被动攻击的惩罚手段进行反击。罗恩通过抑制自己对妻子的性欲和关注，以及背着妻子出轨来发泄他的愤怒。

此时此刻，如果你像珍妮弗一样，在一段不平衡的关系中讨好他人，你就会被迫否认或压抑自己的需求。如果自己的情感需求和性需求遭到无限期的拒绝，即便是最善良的人也必定会感到沮丧与愤怒。

更糟的是，通过造成不平衡的依赖，你创造了一种有条件的爱，这种爱建立在匮乏的基础之上，而不是建立在健康与优点之上。这种爱是进一步滋生低自尊、剥削与不满的温床。

▶ **在不健康的关系中，爱的感觉是"我爱你，因为我需要你"。在健康的关系中，爱的感觉是"我需要你，因为我爱你"。这并非像文字游戏那样简单，而是截然不同的情感状态。**

持久的健康关系是平衡的、相互依赖的。平衡的相互依赖意味着双方都能意识到对方的需求，并且能做出敏感的回应。

难以平衡的两方面

不平衡的依赖性需求，还会通过另外一种方式破坏讨好症的女患者与男人之间的关系。

多年来，我治疗过许多非常成功的职业女性，她们强迫自己讨好、顺从男人，却陷入了非常糟糕的恋情。这些处于职业巅峰的女性中，有许多人都是在 20 世纪五六十年代长大的。在那个时代，女性气质与性吸引力仍然带有某些性别刻板印象，比如顺从、依赖、被动与敏感。

如今，这些女性中有许多人，甚至还有许多更年轻的女人，都担心那些让她们在职场上取得成功的特质（果断、坚韧、进取、好胜）会成为她们与男人谈恋爱的负担。

我有一位 42 岁的单身女患者，是一位大公司的 CEO。她对我说："我真的认为男人会有意识地相信，他们可以和我这样有钱、有权、有成就、有智慧、有能力的女人在一起。但是，一旦关系深入一些，这些人似乎都会对我说同样的话。他们说，我很坚强，很独立，不需要男人。他们不知道的是，有多少个夜晚我是哭着入睡的，我渴望有一个足够强大的男人，能够理解我有依赖的需要——需要被爱，被珍惜。可能比其他女人更需要！他们为什么不理解呢？"她沮丧地哭了。

许多像我这位患者一样的女人，都担心她们的成就会在与男人交往的过程中起到反作用，反而成为她们的阻碍。这些女人背负着双重负担，一方面害怕自己的成功，一方面又要取悦男人。这种危险的组合会导致一个结果，即她们可能会做出一系列自我挫败的行为，既有可能破坏她们的事业，也有可能破坏她们的恋爱关系，往往两者兼有。

如果你既是一个成功人士，也是一个讨好者，你可能会试图调和两种相互矛盾的内在动机，而你的身心健康为此付出了相当大的代价。

为了解决这个难题，有些讨好他人的女人会试图将自己的人格特质划分为两个独立的"方面"。她们可能会在工作中表现出好胜、果断和进取的一面。在与男人的关系中，她们可能会表现出一种夸张的"女人味"，表现出被动、顺从和服从。当然，这样的伪装根本不是解决之道。相反，这样做会导致内心的冲突、焦虑、身份困惑与低自尊。

如果一个成功的、讨好他人的女人与一个控制欲强、充满敌意的男人在一起，并且配合他对自己的虐待，这就会形成一种极不健康的关系。如果你在自己的思想中发现，你对成功有着些许恐惧，你就必须意识到，你个人关系中的这种破坏性的、危险的模式，是由讨好症所导致的。

海伦妮是一位有钱、有权的公司高管，她在商业、政治和社区事务中都举足轻重。但是，多年来她的个人关系让她很不快乐，而她也觉得自己的恋爱经历非常失败。因此，海伦妮怀有一种恐惧：因为她很坚强、有影响力、有能力，她不能指望也不应该让她所爱的男人珍惜她、保护她。

她现在的伴侣鲍勃比她小10岁。鲍勃是一名业绩不佳的中层管理人员，他将自己受挫的抱负与平平无奇的工作表现归咎于平等行动政策，因为这些政策把"女性和其他少数群体看得比合格的白人男性更重要"。

然而，鲍勃来自一个富裕的家庭，他指望通过继承一笔遗产来"逆风翻盘"。鲍勃很英俊、老于世故、很有魅力。海伦妮也认为，鲍勃是一个她"可以带去任何地方"的人。

但是，当他们单独相处的时候，鲍勃却会虐待海伦妮。他似乎很享受这种在言语、情感和性方面支配、侮辱和贬低海伦妮的机会。海伦妮说，她知道鲍勃可能把他对女性的沮丧和敌意都发泄在她身上了。此外，海伦妮还"理解"一个男人生活在她的阴影之下有多么艰难，以此来为鲍勃的行为辩解。

在心理治疗中，海伦妮发现了她的有害假设，这些假设支撑着她自我挫败、讨好他人的习惯，也纵容了鲍勃对她的虐待。海伦妮意识到，她需要纠正她对女性的一些刻板印象。海伦妮认为，在与男性的私人关系中表现出讨好习惯，能让她更有女人味，也更具有性吸引力。

有趣的是，海伦妮作为妇女运动的主要推动者，在民众中享有盛誉，是商界年轻女性钦佩的榜样。她的公司对性骚扰采取了坚决的零容忍政策。然而，由于她的讨好症，海伦妮实际上一直在鼓励一个关起门来虐待她的男人。

蚕食你的身份认同

你必须认识到，你讨好男人的倾向可能变得有多危险，多么自我挫败，这样你才能改变这种不健康的关系模式。否则，你的讨好症会成为名副其实的求偶信号，吸引不正常的男人——他们有一种反常的需求，想要控制你行为的方方面面。更糟的是，你会允许他们这样做。

对于一个控制欲强的男人来说，没有什么是他做不出来的，他可以随心所欲地控制你的外表、观点、你在工作中的表现，以及你与家人、朋友的关系。很快，你的自我和自尊就会任其拿捏。

如果他和你玩够了，或者你被玩够了（无论先发生哪种情况），你就需要好好修复自我，此时你可能都认不出自己了。

除非你治愈讨好症，修复它所带来的伤害，否则你将很难摆脱心中的"残次品"标签。然后，你会继续发出那种熟悉的求偶信号，再次扮演讨好他人的受害者，让下一个控制欲强的男人意识到你会任他摆布。

控制欲强的男人会让你远离自己的内心，感到十分焦虑。因为他需要通过改变你来展示他的控制力，你永远也不会相信他关心的是真实的你，也不会相信他在蚕食你的身份认同之前曾关心过你。

在和伴侣相遇时，盖尔是一个雄心勃勃、美丽但有抱负的模特兼演员。50岁的布鲁斯比盖尔大25岁，是一位著名的电影导演。盖尔不仅"爱上"了布鲁斯，而且对他的能力与才华也充满敬畏。

布鲁斯很擅长在关系中掌控一切，而盖尔也乐于满足他的每个要求。在许多方面，他们似乎是天造地设的一对。盖尔曾经和朋友开玩笑说，布鲁斯让她"变了一个人"。

布鲁斯喜欢把女人塑造成他想要的样子，他有过无数任伴侣，但他从来没有对其中的任何一人感到真正满意。盖尔的讨好症似乎是专门针对男性的。他们的"完美"契合注定会变成毒药。

他们相遇后不久，布鲁斯就给盖尔送了一份满月纪念礼物。他带盖尔去了一家高级美发厅，并告诉理发师如何修剪并给她的头发做造型。在布鲁斯的指示下，盖尔的头发从金色变成了赤褐色。

既然已经到了美发厅，布鲁斯"建议"盖尔改头换面，坚持要把她的口红换成与鲜红色指甲油（也是布鲁斯为她选的）相配的颜色。但是他警告盖尔，绝对不要让指甲油剥落下来，因为他"讨厌女人那样"。

布鲁斯还慷慨地坚持要给盖尔买一堆新衣服。他喜欢带盖尔去购物，这样就能为她挑选衣服和鞋了。

"既然他付了钱，为什么他不能替我选衣服和鞋呢？"盖尔问，"毕竟，我最想通过外表取悦的人是布鲁斯。"

布鲁斯不怎么谈结婚的事，因为他和盖尔开始约会的时候，他还在和第三任妻子离婚的过程中。但是，布鲁斯坚持说，他仍然相信"爱情与浪漫"，并且认为，和盖尔在一起，他可能"在第四次找到真正的爱情"。

他解释说，他之所以建议"修饰"盖尔的外表，是因为他怀着结婚的期望。

"我承认，我不太能容忍女人的'缺点'。"布鲁斯在交往初期对盖尔说。谈到他的前几任妻子，他告诉盖尔："真正让我伤心的是，在结婚之后，她们都不再努力让我开心了。当然，我对性失去了兴趣，婚姻也不得不结束。"

盖尔向布鲁斯保证，她会一直努力让他开心。

布鲁斯一定要盖尔和他一起每天在他的家庭健身房里和私人教练一起健身两小时。他试图监控盖尔所有的饮食。他不允许盖尔喝酒，因为这样会使她看起来更老。他还不断提醒盖尔，吃脂肪会让她大腿上的"脂肪团"（几乎很难看见）变得更难看。

在他们交往的最初几个月里，盖尔实际上感到很荣幸，因为布鲁斯在不断地努力"改善"她的外貌。但是，到了第二年，盖尔承认她开始感到布鲁斯的控制让她有些压抑。当布鲁斯不带她到片场去拍电影的时候，她会非常焦虑，担心布鲁斯会迷上别的女人。

盖尔的进食障碍症状复发了，她以为自己在青春期就已经克服了这种障碍。当她感到特别焦虑的时候，她就会偷偷地大吃巧克力。然后，她会为体重增长而恐慌，并且害怕遭到布鲁斯的否定和排斥，于是她会试图通过呕吐来挽回、弥补错误。或者，她会暴饮暴食，然后通过强迫性的过度运动来消耗热量，有时会运动四个小时或更长时间。

在他们交往两周年的纪念日那天，布鲁斯的"建议"变得更加极端了。不过，他这次用结婚来引诱盖尔，盖尔随即心甘情愿。

布鲁斯认为盖尔的胸部很好看，但"对于那件婚纱来说有点太小了"。于是，他带盖尔去看了整形医生，选择了他认为最好看的假体尺寸。但是，布鲁斯的创意并没有止步于此。六个月后，布鲁斯把盖尔又带回整形医生那里，希望她那已经丰腴的胸部再"增大"半号。布鲁斯还让盖尔去做面颊植入手术，改善她的面部骨骼结构，并且认为盖尔最好去给嘴唇、眉毛和眼线永久染色（使用一种化妆染色手段），这样她"在早上醒来的时候就能看上去很美"。尽管怀有很多疑虑，盖尔还是照做了。

讽刺的是，布鲁斯对盖尔的改变越多，她对自己的外貌就越不自信。在试图取悦布鲁斯的过程中，盖尔失去了对自己身份认同的控制。由于布鲁斯对控制的过度需求，盖尔变得极度依赖他，这让她很容易陷入对被抛弃的恐惧——而这最终成了痛苦的现实。

"这个恶心笑话的笑点在于，"盖尔最后说道，"他最后还是离开了我，不管我愿意牺牲多少来让他开心。最可悲的是，当我照镜子的时候，我看到的是布鲁斯眼中的我，而不是我自己。而且，因为我'不够好'，不能留住他，不管别人认为我有多漂亮，我都觉得自己有着致命的缺陷。"

盖尔的故事尽管非常极端，但说明了讨好男人的女人在和异性相处时普遍存在的、极具破坏性的模式。患有讨好症的女人与控制欲强的男人陷入恋情并非巧合。这些男人先是夺走了她们的身份认同（尽管女方会全力配合和顺从），然后又批评她们，最后甚至会抛弃她们，并认为她们无聊透顶、过度依赖、缺乏挑战性。

盖尔痛苦地发现，她原本试图通过讨好和顺从来避免的排斥与抛弃，最终会变成残酷而痛苦的现实。

通过把自己变成男人想象中的样子，你其实让自己变得对他更没有（而不是更有）吸引力了。这是因为，他的幻想仅仅是他自己的延伸。套用喜剧演员格劳乔·马克斯（Groucho Marx）的话说，男人不想加入任何愿意接纳他的俱乐部。

我的一位男患者从他的角度解释了这种模式。

"我过去喜欢让只想取悦我的女人迷上我，"他开口说道，"然后，一旦我知道，她愿意做任何事来取悦我，我就控制她，再把她甩了,看着她在我的控制之下挣扎。有一段时间,我很陶醉于自己对女人的行为有多大的控制力。"

"后来有一天,我意识到我始终孤身一人。我再也不想找那种为了取悦我而不顾一切的女人了。这很无聊,很孤独。我想要一个能坐在我身旁陪伴我的伴侣。我希望我们能在不失去身份认同和边界的情况下取悦对方。"

另一个男人解释说:"我确实喜欢掌控一切,但我真正想要一个会反击的人。我喜欢牛排,因为有嚼劲。我不想吃搅碎的婴儿食品。这就是我对一个为了取悦我而放弃真实自我的女人的感觉。没嚼头,没有丝毫挑战性。我只会觉得无聊。"

受虐的回忆

值得注意的是,许多在家经历过性虐待的女性,在成年后都有强烈的讨好倾向,这一点令人非常不安。

这种现象会让我们对于做一个友善、顺从女人的想法产生非常矛盾的感受,尤其是当这些重要特质表明,这个女人的职责就是取悦在性方面占据主导地位、控制欲强的男性,并且要满足他的各项需求时。

通常,在童年期或青春期遭受过虐待的女性会回忆说,虐待她们的人(往往是家庭成员)会要求她们"表现好",保持安静,不要抵抗,服从各种性要求。与此同时,她们通常还会面临某种隐含或明确的威胁:表现不好就会让她们受到伤害。

家庭中的性虐待通常会持续数年而不被发现。要"表现好",受害者就必须保护施虐者和他肮脏的秘密。因此,施虐者会要求受害者在日常家庭生活中对他礼貌相待。受害者甚至会发现,她会真心想要取悦或安抚施虐者,这样他就不会在下次闯入她的卧室或侵犯她的身体时伤害她了。

因此,受害者的愤怒必须予以否认和压抑。她的愤怒不会完全(甚至不会主要)针对虐待她的父母或手足。此外,受害者会对不能保护她,甚至不相信她的成年人(通常是母亲或继母)怀有强烈的愤怒与怨恨。当受害者在不正常的家庭里磨炼自己的讨好技巧时,她必须压抑自己的这种愤怒。

可想而知,在成年之前,受害者的情绪本能就已经被完全扭曲了。她可能会因为自己礼貌友善、让施虐者随心所欲而感到内疚,她也可能会责怪自己没有反抗。

她会错误地推断,自己一定是不够友善,或不够好,不然施虐者早就不再虐待她了,或者从一开始就不会虐待她。她会想,也许,如果她再表现好一些,施虐者就可能会用一种更恰当的方式去爱她,而不是用性来污染这段关系。

讨好他人的受害者在走出黑暗的童年和青春期后,往往怀着深刻的困惑,她不知道自己必须做些什么才能赢得世界的爱、情感和接纳。她对友善和顺从的感觉有着矛盾、模糊的记忆。

一方面,她把"好"与安全、保护、免受(进一步的)伤害联系在一起——"好好表现,我就不会在强迫你和我发生性关系时伤害你"。另一方面,顺从又与最恶劣的、对女性的性剥削联系在了一起。

如果你是性虐待的受害者,你可能很难改变自己的讨好习惯,尤其是与男人有关的行为,但这肯定不是不可能的。你可能发现,审视你的记忆是如何把对男人的友善、顺从和服从与性剥削、性侵犯联系在一起的，会很有帮助。

把你遭受性虐待的过往与你当下的讨好习惯结合起来看，能帮助你找到讨好男人的根源。记住，觉察可以打开改变之门，帮助你变得更好。

───── **行为调整：在与男人的关系中克服讨好的习惯** ─────

- 想要让你爱的男人开心，或者想要取悦他并没有错。只是要确保你不会在取悦他的过程中伤害自己。
- 在健康的爱情中，爱的感觉是"我需要你，因为我爱你"。在不健康的、建立在匮乏感的爱情中，爱的感觉是"我爱你，因为我需要你"。
- 没有人值得你用任何方式贬低或羞辱自己。
- 任何一个因为你的智慧、成就、成功或才能而感到威胁、丢脸的男人，无论如何都不可能与你建立令人满意的关系。另寻他人吧。
- 如果一个男人真的爱你，他不会试图把你变成另一个人。他会珍惜你这个人，支持你以自我为导向的个人成长、自我完善过程。改变你，不让你成为最好的自己，这并不是爱，而是操纵、强迫、控制。
- 了解并尊重你的性边界。坚持让任何想要与你发生关系的男人尊重你的边界。如果性不能让你感觉到爱，那就没有爱。

第 10 章

恋爱成瘾

　　34 岁的路易莎是一名儿科医生,她对自己的年龄非常在意,已经做好了结婚的准备。28 岁的迪克是一位相貌堂堂、举止练达的投资银行家,但他之前的恋情都没能超过几个月。

　　他们一见面,关系就迅速升温。第三次约会时,他们已经开始讨论结婚生子的事情了——至少是假设。

　　但是,在三个月的迅速求爱过程之后,迪克感到惊慌失措,莫名地感觉远离了自己的本心。

　　"让我们面对现实吧,"路易莎说,"他彻底崩溃了。突然之间,他'忘记了'约会,或者在最后关头取消了我们的计划。简而言之,他拒绝了我。"

　　"我鼓起勇气去了他的公寓。他承认他害怕得要死,还说我们的关系发展得太快了。我让他告诉我，他到底在担心什么，这样我就可以帮助他冷静下来，但我没想到他会说这样的话。"

"他解释说，他觉得我不够吸引他。他告诉我，他其他的女朋友都很漂亮。迪克的意思其实是，他原本希望自己能满足于我的'智慧与个性'，但他很怀疑自己能否一直忠诚于我。"路易莎擦了擦眼泪，摇着头说道。

"我已经习惯了克服障碍，"路易莎说，"于是，我又采用了我习惯的应对模式，决定通过让自己变得更有吸引力来解决这个问题。我节食、锻炼，换了发型和妆容，买了新衣服。人人都说我看上去好极了。"路易莎说。

分开一个月后，迪克打电话来请求路易莎的原谅。

"他告诉我，他说的关于我的长相的那些话，根本不是真心的。当他看见我的时候，他告诉我他觉得我很漂亮——我不仅看起来很棒，而且我还有一种其他女人缺乏的'内在美'。我信了他，因为我需要相信。迪克解释说，他说那些刻薄的话只是为了把我推开，因为他害怕承诺。然后他向我保证，他真的爱上了我，并准备订婚……很快就订婚。他邀请我回家过圣诞节，见见他的家人。"

"我真的期待圣诞树下有一枚钻戒。"路易莎说，"但事实是，我根本没能去成他家。在我们出发的三天前，他又跟我分手了。这次他说他配不上我——我太聪明、太认真、太实际了。他最后说，我'太好了'，我让他感到内疚，因为他不像我那么好。我该怎么办呢？"

"于是，我一人回到了妈妈身边，整个假期都在以泪洗面，发誓再也不和比我年轻的男人约会了。"

"他在新年的10天之后给我打了电话。他送了我50朵红玫瑰，求我与他复合。迪克告诉我，他在新年前夜哭得像个婴儿一样，因为他失去了对他来说唯一重要的女人。"

"我被说动了，因为我太痛苦了。没有他，我就像个成瘾的人。承认这一点让我非常惭愧，但我觉得他有点儿像个'奖杯'。当我们相处得很好的时候，我对自己感觉也很好。他年轻英俊，我想把他展示给我所有的朋友看。"

"当他说出那些伤人的话时，我的自尊心崩溃了。没有任何人、任何事能像他那样让我难过。除了他，没有人能让我感觉好起来。"

这对恋人又复合了，但这次只持续了几个月，直到迪克对路易莎失去了欲望。

"每次我们关系变近的时候，他就开始对承诺产生焦虑，然后和我分手。我意识到问题其实出在他身上——他的矛盾心理。我必须承认，这伤透了我的自尊。不管我怎么看，我得出的结论都是，如果他足够爱我——如果我足够迷人、令人兴奋、性感，我们就已经结婚了。"

"我想我早就知道，我需要足够坚强才能离开他。经历了这样的大起大落之后，我一点也不信任他了。现在当我们之间进展顺利的时候,我变成了那个惊慌失措的人。我总是在等待事情出错。我开始等待他拒绝我。后来,我开始变得黏人,没有安全感。我知道这会让他想逃走,找个地方躲起来。我们真的陷入了一个恶性循环。"

路易莎所说的,是一种痛苦和兴奋交替出现的恋爱成瘾。别弄错了:无论对方营造的氛围有多浪漫,道歉的鲜花有多漂亮,他的争取有多真诚,钻戒有多大,这种亲密与拒绝、亲近与疏远、理想化与贬低交替的情感模式,都不是健康的爱情。这是一种成瘾行为,是由讨好他人的需要决定的——以此来避免遭到抛弃、排斥和否定。

路易莎迷上迪克的时候,她可能也"成瘾"了,而迪克就是令她成瘾的人。他们的故事完全符合成瘾的模式。路易莎的行为就像那只2号鸽子一样,试图赢回迪克的爱与接纳,而这种爱与接纳是随机的、间歇性出现的。

路易莎明白,比起重新获得迪克的爱,她更想要避免遭到迪克的否定和拒绝,从而避免自尊遭受痛苦与打击。反正她已经开始不信任迪克的爱了。

不要允许任何人让你自卑

埃莉诺·罗斯福(Eleanor Roosevelt)曾明智地说:"没有你的允许,任何人都不能让你感到自卑。"不幸的是,在路易莎意识到她在允许迪克如此对待她之前,她已经承受了许多不快乐、抑郁、焦虑和戒瘾一般的痛苦。

讨好者往往错误地以为，他们的恋人怀有更高尚的动机和意图，但事实并非如此。在一段关系中，一方经常把自己的人格特质、动机或者看待世界的方式投射到另一方身上，假设彼此拥有相似的价值观。

简而言之，其他人（即便是你爱的人）可能没有你那么好。事实上，许多人一点儿也不善良、不友善。可悲的是，你的讨好症让你很容易被那些想要利用你、伤害你的人盯上。

▶ 为了充分地保护自己，你需要看清人们真实的样子，而不是戴着玫瑰色的有色眼镜来放大他们的优点，轻视或忽视他们的缺点。

例如，路易莎无法准确地看待迪克，直到她能够把她的自我与他区分开来为止。只要她认为迪克是她的理想伴侣，而不把他看作一个独立的人，她就不能让迪克为他对待她的方式负起责任。相反，她的逻辑思维一直在思考这个"心理逻辑问题"，并怀有这样的假设：如果迪克能控制自己的恐惧，与她讨论他不满的"真正原因"，那她就会尽自己最大的努力去取悦他，使自己成为他最"理想"的女人。

因为路易莎是一个很好的人，所以她很难承认迪克——她一生的挚爱，并不是个好人。每次迪克拒绝她的时候，路易莎都被她所谓的"爱"蒙蔽了双眼。更准确地说，路易莎的感知能力严重受损了，这是因为她对恋爱的成瘾造成了急性戒断症状。

最后，当路易莎受够了羞辱，生够了气时，她终于允许自己对迪克产生了一种有着疗愈功能的愤怒。此时此刻，她也能够意识到，她不是那个有严重问题的人，迪克才是。

然而，路易莎在心理治疗中发现，她的讨好症制造了关系中的成瘾行为。路易莎的那种纯粹的讨好习惯，实际上是在求着迪克告诉她，她到底差在哪里，有哪些缺陷，好让她改变自己，让他开心，从而避免遭到他的拒绝与抛弃。

路易莎允许迪克这样不平等地对待她，并且恳求迪克更糟糕地对待她，就像成瘾者乞求得到满足一样。

当讨好习惯遇上愤怒的伴侣

讨好者会陷入几种不良的关系模式，让自己不知不觉地成为虐待的善良受害者，恋爱成瘾只是其中的一种模式。

> ▶ **许多讨好症患者都发现自己会和愤怒、好斗的伴侣在一起。虽然讨好者这样做的动机可能是无意识的，但这种现象既不是偶然，也不是巧合。讨好者不是无辜的受害者，而是会主动配合愤怒且经常施暴的伴侣。**

随着时间的推移，讨好的帮凶与愤怒的伴侣相结合，会制造出一种非常危险的情况。

如果你现在和一个愤怒的伴侣在一起，你可能会惊讶地发现，你的讨好习惯会助长伴侣的敌意与攻击性（甚至更糟），即便你并非有意如此。但是，你很有可能真心相信，你的讨好习惯是为了避免愤怒、冲突和对抗。

然而，事实上，正是你的讨好症让你成了愤怒的、爱指责的伴侣的完美帮凶。你可能已经有所怀疑，你的讨好习惯可能并没有减轻伴侣生气和挑起冲突的倾向。你将会看到，事实恰恰相反，你的讨好习惯会让伴侣更加生气，更有可能用充满敌意和攻击性的态度对待你。

助长对自己的虐待

你可能会在无意之中，通过四种主要方式让自己成为怀有敌意的伴侣的帮凶：

1. 你太愿意承认错误了

每当关系中出现问题（任何问题）的时候，讨好者太愿意承认错误了。你大概认为，这样做能避免更多的愤怒和对抗。然而，现实是，通过承认错误，你只能让对方对你更生气（无论有理没理），并且证明他对你愤怒是合理的。

根据定义，愤怒是指对觉察到的错误或不当行为的指责。要生气，就必须有人因为错误行为而受到指责。而且，如果你是真正的讨好者，你就会允许对方指责你——这正是他所需要的。

▶ **承认错误与承担责任是两回事。**

后一种态度假定，如果两人之间发生了问题，两人就应该共同、公平地承担责任。责任可能不是均等的，但双方都会承认自己对问题负有一定的责任。

相反，指责则是单方面的。指责者会否认自己负有任何责任，不仅会试图把责任推到你身上，还要让你为自己的行为受罚，因为这些行为显然都是错误的。

2. 你使用了被动攻击策略

你成为伴侣帮凶的第二种主要方式，就是否认或压抑自己的愤怒，转而采取被动攻击的回应方式。顾名思义，被动攻击行为在本质上是有敌意的，但采取了被动的方式。你可以通过这种逆来顺受的态度，向伴侣和你自己否认你的攻击性，并且维持你友善的自我概念。

被动攻击行为的例子包括噘嘴、生闷气和拒绝说话。此外，你还可能会推迟、拖延或不断"忘记"各种涉及你的伴侣的义务。或者你可能会拒绝满足伴侣对于性、情感、时间或关注的需求。你可能会做上述所有事情，却根本没有意识到自己是在报复。

因为你的消极情绪让你很不舒服，所以你可能已经养成了相当多的被动攻击习惯，来应对你那充满敌意和攻击性的伴侣。

▶ **当被动攻击行为针对有敌意的伴侣时，它会变得非常危险。**

被动攻击行为实际上会激起伴侣更大的敌意。你的反应很被动，再加上你会否认自己深藏的攻击性，这会使你的伴侣感到非常沮丧。由于敌意是从沮丧中滋生出来的，被动攻击行为最终会让你愤怒的伴侣更加愤怒。

这并不是说你要为伴侣的愤怒或敌意行为负责。伴侣的愤怒是他自己的责任。但是，你的被动攻击行为会让你成为一种互动模式的参与者，这种模式会让你的伴侣不断地生你的气。

3. 你成了被动的受害者

你助长伴侣的敌意的第三种方式，就是当你的伴侣发怒时，你会变成被动的受害者。这样一来，你就创造并延续了一个恶性循环，让你和伴侣扮演一对互补的角色。

▶ 为了通过恐吓、威胁或攻击来建立自己的支配地位，你的伴侣需要一个受害者来加以控制。讽刺的是，即便是在这种消极、不健康的关系里，你仍然是一个满足伴侣需求的讨好者。

对你来说，用有攻击性的姿态对待伴侣可能是不健康的，并且可能会给你带来危险。但是，通过采取自信果断的行动，而不是做出被动的或有攻击性的行为，你能够捍卫自己的权利，让自己不受虐待，不受言语（或肢体）攻击，不承受伴侣的敌意和愤怒。

4. 如果伴侣总是对的，那你就总是错的

讨好症让你助长对方怒火的第四种方式是，你默认自己总是错的。

有敌意的人需要赢得每场辩论，需要证明自己是对的，从而证明他们的愤怒是合理的、正当的。作为这种人的伴侣，你会不断发现自己处于为难的境地。在你输我赢的情况下，只有一方是对的，而另一方必然是错的。

由于你想获得认可，回避冲突，你会倾向于同意伴侣，被动地顺从他的看法。

▶ 为了让伴侣永远都是对的，你就必须永远都是错的。

你之所以下定决心，相信自己永远都是错的，与伴侣的观点是否正确，与你有错没错，或者与你的德行有无缺陷，几乎或根本没有关系。这只与你的伴侣对支配和控制的需求有关，与伴侣认为他必须一直正确的要求有关。

无论你是对是错，接受"错的人"的角色都会让你感到内疚。事实上，如果你犯了错，你会加倍责怪自己，从而使自以为是、爱惩罚你的伴侣给你带来的负担变得更加沉重。

然而，如果你知道或相信自己是对的，那你仍然会责怪自己太过软弱、犹豫不决，无法捍卫自己。

▶ **让自己永远都是错的，就能让伴侣永远都是对的，这样会损害你的自尊。**

最后要说的是，如果你的伴侣总是揪住任何会让你出错的事情不放，就会造成另外一个问题：完美主义。如果你生活在一个压抑的心理环境中，你的表现总是不断地受到审视，你就不会自由地去冒险、创新，或者尝试新的挑战，因为你无法保证自己获得成功，或者做到十全十美。因此，完美主义会扼杀你的个人成长，阻碍你的良好表现。

此外，你还可能试图掩盖自己的错误，以避免遭到伴侣或其他人的否定和报复。同样地，你尝试避免冲突的做法可能会适得其反。如果你的错误最终被人发现，你将会失去他人的尊重与信任。此外，你还会受到更多的责备——你不但犯了错误，还没有诚实地向他人坦白你犯的错误。

错误是有价值的，因为你可以从中学习。如果你太害怕别人的否认，而不敢承认自己的错误，你就失去了学习的机会。

你不能改变伴侣，但可以改变自己

那么，如果你有一个充满敌意、愤怒、总是惩罚你的伴侣，那你该怎么办？你该如何让一个总是喜怒无常的人平静下来呢？

首先，你要认识到你不能直接改变你的伴侣。如果你一直认为，你的善良与付出最终能得到回报，那么是时候意识到，你的努力是徒劳的，会让你付出代价，所以不要再执迷不悟了。

你的讨好习惯会适得其反：只会奖励伴侣的攻击行为和情绪不稳定的表现。

所以，与其问自己如何改变伴侣，不如开始这样问自己：既然我无论如何也不能改变伴侣，那我能做些什么来改变自己的处境呢？

这种想法能赋予你力量，而考虑如何改变伴侣只会增加你的无力感、无助感、受害感、愤怒和抑郁。这些消极的感受会让你陷入困境、钻牛角尖，只能让你心情低落。

如果你对伴侣不满意，你很可能已经考虑过结束这段关系，或者至少想过与他分开。考虑到你不可能改变伴侣，现在重新考虑这个选择是个不错的主意。你可以改变自己的行为。

当然，如果你决定离开伴侣，结束这段关系，你的生活可能会发生翻天覆地的变化。然而，如果你只是结束这段关系，而没有克服讨好症，你的下一段关系就可能重蹈覆辙。

当然，你也可能出于自己的原因而选择维持现在的关系。或者你可能只是没有准备好离开或完全放弃你的伴侣。但是，无论你留下还是离开，你都必须停止配合对你的虐待。

记住，就像所有人的行为一样，你的伴侣的行为也会受其后果的影响。这意味着，如果你改变了你对伴侣的反应方式，你将对他的行为产生强大的影响。

▶ **如果你能不再奖励伴侣对你的虐待，不再成为他的帮凶，他的行为将会适应这种变化的环境与后果。**

请记住，如果你奖励一种消极行为（如愤怒），你就会增加这种行为在未来发生的可能性与频率。如果你不再奖励这种行为，你就会减少它再次发生的可能性，并减少它发生的频率。然后，如果你奖励另一种不同的行为，更积极的行为，你就会增加新行为代替旧行为的可能性。

这种做法能有力地帮助你改变你和伴侣之间的消极模式。你不能再抱着自欺欺人的想法，认为只要你成为一个友善的讨好者，就能直接治好或改变你的伴侣。你已经知道了，这样做只会让事情变得更糟。

借用作家丹尼斯·霍利（Dennis Wholey）的话来说，因为你是个好人就指望伴侣公平地对待你，无异于因为自己是个素食主义者，就指望公牛不会朝你冲过来。

你必须认识到，你长期讨好他人的行为，就像在一头愤怒的公牛面前挥舞大红斗篷。你要么丢下斗篷，逃离现场，要么立即改变自己的策略。

> ▶ 要治好讨好症，你只需要改变一种行为（或一种想法、一种情绪）。当你拉动一根线头的时候，整个循环就会像毛线团一样开始解开。

中途可能会遇到打结的线团，但你会学会如何解开线团。

———— **行为调整：如何保护自己免于对恋爱成瘾** ————

- 不要允许任何人让你感到自卑、没价值、不够好。
- 如果你太愿意为你们关系中的所有问题承认错误，你只会助长伴侣的愤怒，为他的愤怒找借口。过度承认错误不同于为错误承担适当的责任。
- 被动攻击策略会自我挫败、适得其反，而且很危险，尤其是当你用在有敌意的伴侣身上时。
- 受害者的身份会产生羞耻感，赋予自己力量能带来尊严。
- 如果你允许伴侣永远都是对的，你就永远都是错的。这不是事实，对吧？

Say No

第三部分

讨好情绪

我们已经准备好处理讨好症三角的第三条边了，现在我们将着重探讨讨好的情绪。讨好习惯与认知背后的决定性动机，是逃避或避免不舒服、困难和可怕的情绪与情绪体验。

我们最关心的情绪就是消极情绪，即愤怒、敌意、冲突和对抗带来的不适感和恐惧感。在你真正战胜讨好症之前，你需要学习建设性地管理冲突，适当、有效地控制和表达愤怒，从而克服这些强烈的恐惧。

你可能会发现自己想要放下本书，或者想要干脆跳过这一部分，因为面对愤怒和冲突的恐惧十分可怕。不要屈服于这种冲动。与其他回避反应一样，你每次逃避只会加剧这种恐惧。事实上，每当你用这种反应来逃避消极的、可怕的情绪时，讨好习惯和自我挫败的认知都会增强。

你会在下一章学到，害怕的情绪会成为自我实现的预言，因为这些情绪不会让你有机会适当地表达愤怒、处理冲突。如果一有冲突的迹象你就逃跑，那你永远也不会学会平等、有效地争吵。如果你缺乏表达消极情绪、回应他人消极情绪的基本沟通技巧，你永远也无法解决人际关系中的问题。

当我用"消极"和"积极"这两个词来描述一种特定的感受时，我的目的是区分不愉快、痛苦或难以接受的感受，以及愉快、舒适、更容易承认与表达的感受。

就情绪而言，"消极"与"积极"并不是价值评判。对许多人来说，愤怒是一种消极情绪，因为它让人感到不快，而且往往难以适当地表达，但不代表它一定是错误的、不好的。你会了解到，愤怒是一种自然、正常的情绪，在适当的情况下，它甚至是一种有用的、有适应性的情绪。

虽然我们的侧重点主要集中在消极情绪上，但讨好症三角的第三条边也包括积极情绪。在早些时候，讨好他人无疑会让你感到值得、满足，因为你从满足他人的需求、让他人开心中收获了快乐，也从你赢得的认可、赞扬和感激中获得了愉悦。在一定程度上，讨好他人可能仍然是有益的，不过大多数讨好者都觉得他们的习惯已经让自己筋疲力尽，无法再享受其中的乐趣了。

在你早年的生活经历中，你发现讨好重要他人是获得你渴望的认可的有效方法。赞美、爱与情感的表达和表示，也是讨好他人带来的积极情感奖励。选择如何照顾他人的需求（例如去哪里、吃什么，等等），也可以给你带来一定程度的掌控感。这也可以成为一种积极感受。

▶ **在学会讨好他人的过程中，你还会发现，通过服从、顺从、友善待人，你可以有效制止冲突，转移他人的愤怒，压抑自己的愤怒，避免对抗。**

一旦逆来顺受与友好相处（顺从与避免冲突）之间产生了联系，这种联系就会变得更加危险，变成一种有成瘾性、强迫性的情绪回避模式。

请放心，既然你已经学会了避免愤怒、冲突和对抗，你也可以学会如何有效地、建设性地处理这些困难的情绪体验。这一部分将帮助你深入了解你讨好他人的行为如何加剧你的恐惧，阻碍你的沟通，损害你的"人际交往能力"，限制你的情绪智力与智慧。

只有鼓起勇气，面对你的恐惧，你才能学会克服恐惧——你将在我们探讨讨好症三角的第三条边时学到这一点。然后，你就能为你的个人旅途做好准备，从讨好症中康复。

第 11 章

消极情绪恐惧症

你可能已经变得非常善于取悦他人了,以至于你在识别、接纳和表达自己的愤怒方面十分缺乏经验。除此之外,你可能已经在使用讨好策略来缓解冲突或对抗了。由于你很少接触那些你害怕的消极情绪,你对这些情绪的焦虑已经变成了自我实现的预言。

你就像一个极度怕水,因而从未学过游泳的人。这种人会避免任何靠近水、下水的情况。久而久之,随着反复的逃避,由于缺乏下水的经验,他害怕溺水的恐惧可能会成为现实。

如果这个怕水的人不小心掉进了游泳池的深水区,这种极度的焦虑可能会造成致命的恐慌。这个人会挥舞双手、呛水,甚至会失去意识。而且,恐惧和逃避导致他没有学会游泳,溺水的可怕预言最终可能会成为致命的现实。

如果这个人能在熟练的救生员的陪同下进入游泳池的浅水区，他就可以学会生存和游泳的技能。如果能在可控的条件下多次下水，恐惧就会减少，最终可能完全消失。

重要的是，只有通过接触恐惧本身，才能克服恐惧，进而学会有效、适当的应对方式。在我们举的例子里，怕水的人只有在安全的条件下下水，才能克服他的极度恐惧，从而学会游泳。持续不断地逃避只会加剧恐惧，并强化逃避焦虑的行为。

你会通过不断讨好他人来回避愤怒、冲突和对抗。因此，你从来没有给自己一个机会，去学着有效地应对困难情绪。现在，你有机会忘掉你的恐惧与回避反应，用更好的愤怒管理和冲突解决技能来代替这些反应。

对你来说，你可能会下意识地认为，你讨好他人的情绪动机是为了获得积极的感受。然而，深挖你的动机，你可能会发现，与积极情绪奖励相比，对消极情绪的恐惧和回避更有力地塑造了你的讨好习惯。

认知治疗师戴维·伯恩斯博士创造了"情绪恐惧症"这个术语，用于描述对消极情绪的过度、非理性恐惧。[7] 对于讨好者来说，他们具体害怕的东西包括愤怒、冲突、攻击性或敌意，以及对抗。做一做下面的情绪恐惧症测试，看看你对消极情绪的恐惧对你的讨好症起到了多大的推动作用。

测验：你有"情绪恐惧症"吗

阅读下面每一句表述，看看是否符合你的情况。如果表述符合或基本符合，就圈出"是"。如果不符合或基本不符，就圈出"否"。

1. 我相信冲突不会带来任何好处。　是　否
2. 当我觉得我关心的人在生我的气时,我会非常难过。
   是　否
3. 我会尽一切努力避免冲突。　是　否
4. 在商店或餐馆里,即使我知道商家提供了糟糕的服务、产品或食物,我也几乎从不抱怨,从不向服务员表达我的不满。　是　否
5. 我认为,如果我身边的人变得焦躁、愤怒、有攻击性的时候,我有责任去安抚他们。　是　否
6. 我相信,我不应该对我爱的人生气,或者与他们发生冲突。　是　否
7. 当我生气或受伤时,我更有可能生闷气、噘嘴或沉默,而不是公开、直接地表达我的感受。　是　否
8. 我相信冲突几乎一定能说明一段关系中出现了严重的问题。　是　否
9. 我很容易被别人的愤怒或敌意吓倒。　是　否
10. 当我生气、难过的时候,我经常会出现身体问题,比如头痛、胃痛或背痛、皮疹或其他与压力有关的症状。
    是　否
11. 我很容易向另一个人道歉,只是为了结束争吵、平息愤怒,不管这是不是我一个人的错。　是　否
12. 我相信,如果在关系中表达愤怒、引发冲突,就可能导致一些不好的、破坏性的事情。　是　否
13. 如果有人因为某个问题责备我,我更有可能迅速道歉,避免进一步的讨论,而不会冒生气、引起更严重冲突的

风险，即便我真的没有错。 是 否
14. 我相信，最好面带微笑，掩盖愤怒的情绪，而不要冒着争吵或冲突的风险去表达愤怒。 是 否
15. 我几乎愿意做任何事，来避免与我生活中的任何人发生愤怒的冲突。 是 否
16. 我认为，如果有人生我的气，那通常是我的错。 是 否
17. 我认为，如果我从不生气，或者不会不开心，那我就会成为一个更好的人。 是 否
18. 我自己的愤怒会让我害怕。 是 否
19. 关心彼此的人之间的大多数问题都会随着时间自行解决，最好不要讨论。 是 否
20. 我几乎从不反对或挑战别人的观点，因为我害怕我可能会引发冲突。 是 否

计分与解释

数一数你选"是"的次数，算出你的得分。

- 总分为15~20分：你患有明显的情绪恐惧症（强烈的、很大程度上是非理性的恐惧），你很害怕愤怒、冲突和对抗。你对冲突的回避，对愤怒的压抑很可能会严重影响你的关系质量，以及身心健康。

- 总分为6~14分：你对愤怒的恐惧，以及你对冲突的回避（虽然没到恐惧症的程度）肯定助长了你的讨好习惯，而且很有可能在妨碍你建立和维持健康的亲密关系。此外，由于你压抑了愤怒，你的身心健康可能面临着威胁。

- 总分为5分或以下：你在承认或表达消极情绪方面没有很

大的困难。然而，如果你有讨好症，你可能在否认愤怒和冲突给你带来了多大的不适。你之所以会这样做，一个重要的原因是，你的讨好习惯会让你尽力回避冲突，以至于你不知道愤怒和其他消极情绪对你来说有多难处理。但是，可以肯定的是，如果你继续采用讨好作为回避愤怒和冲突的方式，你的不适感会变得更加严重，还会造成更严重的问题。

▶ **长期压抑愤怒可能与反复无常的暴怒一样，对健康有着严重的损害。**

长期回避冲突不仅表明了你的人际关系是脆弱的、不稳定的，而且在很大程度上破坏了关系的发展与维持。

为了克服讨好他人的问题，你需要学习用有效而健康的方式来表达愤怒，并用建设性、有效的方式来管理和解决冲突。为了避免冲突、回避愤怒、结束对抗，你会采取讨好他人的办法。这样获得的短期收益，远远小于你因为从未学习关键的愤怒和冲突管理技能而付出的代价；而那些技能能够让你和你的人际关系更快乐、更健康。

回避冲突的危险

48岁的帕特里夏很坦诚地承认，自己在男人面前就像一个"受气包"。

"我在男人面前总是小心翼翼。我总是如履薄冰。我害怕惹他们生气。我父亲的脾气很差。在他喝醉的时候（基本上每天晚上都是如此），他就会大喊大叫，对母亲实施肢体虐待。"帕特里夏解释说。

为了保护帕特里夏，她母亲要她永远不要顶嘴，也不要反抗父亲。她对帕特里夏说："他想让你干什么，你就干什么。要微笑着说'好的，先生'。然后，回你的房间去。我知道他说刻薄话的时候会让人很难受。记住，你父亲真的很爱你。那些都是酒后胡言。"

于是，帕特里夏学会了如何讨好他人，尤其是讨好男人。她的父亲在她18岁时去世了，但她对愤怒的恐惧，尤其是对男性愤怒的恐惧，则伴随了她的一生。

"奇怪的是，我很害怕我丈夫生气，但我从没见过他发脾气！他从不生气，我们也从不吵架。说实话，"帕特里夏承认，"我们并没有深入讨论过任何足以引起争论的事情。无论他说什么，想要什么，我都只是表示同意。这就是我维护和平的方式。"她总结道。

帕特里夏承认，经过25年的婚姻生活，她知道她丈夫的脾气并不坏。"如果他到现在为止都没发过脾气，那可能就不会发脾气了。"她推测道，"但是，我似乎就是没法改变我的反应。我从来不会告诉他，他做的某件事会困扰我，或者让我不高兴。我会告诉自己，不管是什么事，都不值得吵架。"她若有所思地说。

当她的丈夫和她一起参加心理治疗的时候，帕特里夏了解到了一些关于他们关系的事情，这些事是她以前从未了解过的。她的丈夫亚历克斯透露，他在工作中对一位女同事"过于友好"。他说他爱帕特里夏，并不想和那个女人"发展任何浪漫关系"。

"但我意识到，在我们结婚这么多年以来，我一直感到很孤独。"亚历克斯对帕特里夏说，"我知道你在尽力做一个好妻子。你做任何事都是为了取悦我。但是，亲爱的，你从来没有让我看见或告诉我你是谁，你的真实感受是什么。你把所有东西都藏起来了，因为你怕我会生气。你把我和你父亲搞混了！"

帕特里夏现在意识到，她为了避免冲突，差点付出了最大的代价。

"因为我的父母，我一生都很害怕冲突，"帕特里夏说，"我知道，我嫁给亚历克斯就是因为他既温柔又贴心。我相信他一定很伤心，因为我不够信任他，什么事都不告诉他。我的本能反应是做我认为他想要或需要的事情——很明显我并不总是对的，然后让他一个人待着，这样我就不会让他生气了。"

一旦帕特里夏意识到，她在用各种方式去讨好他人，以便压抑自己的愤怒（和其他消极情绪），控制和转移其他人的愤怒，她就可以针对这些习惯做出改变了。

讨好与"逃生路线"

我的许多讨好症患者就像帕特里夏一样，他们已经学会了用"逃生路线"来形容他们用于避免或阻止愤怒与冲突的讨好习惯。这个词指的是通过负强化来学习或形成条件反射的方式。你可能还记得，在第 7 章中，负强化指的是让不愉快、消极或痛苦体验停止的奖励。讨好习惯会受到负强化，因为这种行为降低了人们在可怕的情况下遭到否定或排斥的焦虑。

我们会简短地回到实验室的情境下，以便清晰地说明负强化是如何起作用的，并且与正向奖励进行对比。在实验室里，我们会使用一种被分为两等份的笼子。笼子的一半被染成了黑色——笼子的底、壁和顶部都是如此，除了隔板上的一扇白色小门。白色的门可以朝白色的那一半笼子打开，那一半笼子里的一切都染成了白色——壁、底和顶部都是如此。门的两面都是白色的。

这项研究的对象是两只白色的实验室大鼠，每只大鼠都会分别在笼子的黑色区域里待一段时间。我们的目的是训练大鼠推开白门，离开黑色区域，进入白色区域。

我们会用正强化来训练 1 号大鼠。为此，我们先是在笼子的白色区域的远端角落放了一块奶酪。然后我们会把大鼠放在黑色区域，看看会发生什么。

大鼠会在黑色区域摸索一阵子。最后，它会发现通过敲击或推白门，门就会打开，让它进入白色区域。这只大鼠一闻到奶酪的味道，就会穿过白门，迅速来到另一边的角落吃奶酪。从各种迹象来看，它是一只快乐的大鼠。

这个训练过程又重复了几次，直到从黑色区域穿过白门，进入白色区域的行为已经根深蒂固为止。下一步是把白色区域的奶酪拿走。现在，我们把大鼠放在黑色区域，观察它在没有预料之中的正向奖励的情况下，还会从黑色区域进入白色区域多少次。正向的条件反射确实能让大鼠在没有奖励的情况下，继续穿过白门数次，离开黑色区域。大鼠已经把白色区域和某种美味的、可能让它感觉很好的东西联系在一起了。然而，在没有奶酪的情况下进行5~10次试验之后，大鼠似乎就失去了兴趣，不再白白付出努力。最后，当被放入黑色区域的时候，1号大鼠会待在那里不动。此时此刻，心理学家会说，穿过白门的反应已经"消退"了。

我们也会训练2号大鼠从白门离开黑色区域。然而，这种大鼠会接受负强化训练。所以，这只大鼠会被放在黑色区域，但白色区域里没有奶酪。白色区域里什么都没有。

现在，我们会给笼子黑色区域的底部通电。这种电击虽然没有强到足以引起剧痛或危险，但对于这只不开心的大鼠来说，这明显是不舒服的。

这只大鼠开始不安地跳来跳去，并且开始排尿和颤抖（不高兴的大鼠常有的行为），这表明了它很不舒服。在跳来跳去的时候，它可能会在无意间幸运地撞上白门，门会顺势打开，而大鼠就能跳进笼子的白色区域了。重要的是，白色区域没有通电。

虽然白色区域里没有奶酪或其他正向奖励，但当大鼠跳过白门，来到白色区域的时候，痛苦的电击确实停止了。疼痛的停止就是负强化。

这个过程要重复几次，确保大鼠已经"学会"从白门逃跑。请放心，一只智力正常的大鼠在几次尝试之后，就能在几秒钟之内学会。

现在，为了衡量正负强化条件反射的强度，我们会在不给黑色区域通电的情况下重复这个过程。我们想观察，即使不再给予停止电击的奖励，2号大鼠还能穿过白门多少次。在没有电击的情况下，2号大鼠依然会一次又一次地跑向白门。消极条件反射的效果十分强大，以至于大鼠会不断做出逃避行为，跳过白门，即使不再有任何不舒服的事物需要躲避——除了它可能还有对电击的记忆或恐惧。第二只大鼠的逃跑反应需要很久才会消退。

你应该把自己的讨好习惯理解为一种逃跑反应,这种反应是通过正负强化而形成的条件反射。你通过讨好他人获得的短期奖励(正强化)包括他人的认可、赞扬、感激,以及自我满足。这些奖励就像大鼠的奶酪。

负强化(回避愤怒、冲突、对抗、否定、排斥或批评)延续了你的讨好症,这种强化就像停止2号大鼠所受到的不愉快的电击一样。你用讨好习惯来回避可怕的感受,就像大鼠跳过白门一样。

▶ **负强化在维持你的讨好习惯方面的作用,比你可能获得的任何奖励或快乐要强大得多。**

你对愤怒和冲突的恐惧只是一种消极体验,类似于黑色区域里的电击。你还有一些其他的恐惧,如害怕被排斥、害怕被否认、害怕冲突或对抗、害怕伤害他人。就像2号大鼠在电击停止之后仍然会继续跳过白门,你也会一直回避那些体验,永远不会在那些体验中停留足够长的时间,弄清是否还有更好、更有益或更有效的应对方式。

以帕特里夏为例。在婚后的生活中,她一直想避免让丈夫发怒,就像逃往那扇白色的门一样,不过她从没见过丈夫发脾气。如果她能控制住自己逃跑的冲动,她就可能早些知道,亚历克斯渴望与她建立更亲密、更真实的情感关系。

讨好习惯(比如做个好人、满足他人的需求、承认错误)能为讨好者提供一扇白门,让他们逃避消极的情绪。

为了避免愤怒与冲突，你已经形成了讨好他人的条件反射。你也失去了面对恐惧的机会。因此，你永远不能学会用恰当的方式处理愤怒与冲突，从而掌控这些情绪。

先发制人

回到帕特里夏的例子。她采用了一种有缺陷的策略，用她的讨好习惯来防止亚历克斯和她自己表达愤怒和其他消极情绪。通过这种方式，她相信自己避免了可能造成破坏的婚姻冲突。

帕特里夏的行为是一种先发制人的讨好。之所以说是先发制人，是因为她试图防止他人（尤其是男人）表达他们的愤怒。帕特里夏一直积极地尝试预测并满足男人的需求与愿望，从而赶在他们生气之前，消除他们对她生气的可能性。

帕特里夏的讨好习惯受到了强化，这是因为这些行为是她的一种逃避方式，让她得以逃避她想象中的危险的愤怒与破坏性的冲突。最终，在治疗中，她承认自己的婚姻早已陷入了困境。他们缺乏有效的沟通方式来处理不满和不快，或者发现与解决问题，这段婚姻虽然维持下来了，但并不美满幸福。

就像大多数讨好者一样，帕特里夏从小就学会了讨好他人能避免许多问题。在母亲的明确教导之下，她学会了跳过白门。在童年和青春期，直到父亲去世之前，她一直在练习运用讨好习惯，来避免承受父亲酒后的怒火与暴力。然而，她的这种策略并不完美，是因为她仍然会遭到父亲的言语虐待。但是，只要帕特里夏温柔可爱、孝顺父亲，做父亲想做的事情，父亲就不会对她进行肢体虐待。

在治疗过程中，帕特里夏了解到，对于像她父亲这样的男人的虐待行为，她可以做出与小时候不同的反应。作为一个成年人，帕特里夏可以做出大鼠和小孩子都无法做出的选择。

举例来说，假设帕特里夏在婚姻中受到了虐待，她可以选择离开。或者，她可以选择捍卫自己的权利，而不是成为虐待自己的帮凶。换言之，作为成年人，她可以果断地提出甚至要求停止虐待。

帕特里夏的例子说明，早年的条件反射经历对人类行为有着深远的影响。尽管丈夫的性格与行为方式与帕特里夏的父亲大相径庭，但她仍然把丈夫当作了父亲，好像怒火随时都会爆发一样。

虽然她从未见过亚历克斯发火，但她相信通过满足他的所有需求，就能够防患于未然。事实证明，亚历克斯最重要的需求之一——通过表露真情实感（无论是积极的还是消极的）获得亲密感，一直没能得到满足。

讨好的"保护"作用

你的讨好习惯已经成了一种根深蒂固的习惯，因为你相信这样能保护你免受愤怒与冲突的伤害，但是讨好他人可能会适得其反。你一直好声好气地对待他人，可能并不能让他人满意，反而在无意中让那些最亲近的人感到沮丧，最终让他们感到愤怒。

就像帕特里夏的丈夫一样，如果你用先发制人的方式来讨好他们（也就是说，你在他们伤害你之前讨好他们），他们可能会感到沮丧和恼火，因为你不愿深入交流，让他们无法与你讨论问题或任何消极情绪。虽然你认为你的讨好习惯是一种保护，甚至有利于维护亲密的关系，但对于那些希望与你建立更亲密关系的人来说，他们会讨厌你的这种策略。你可能会惊讶地发现，这种先发制人的做法可能会被对方视为一种操纵、强迫和控制——尽管是以变相的形式。对他们来说，你不断地友善相待、避免冲突，可能会让他们觉得是一种被动攻击手段，让你远离他们，保持一个"安全"的心理距离。

如果你离他人足够远，他们的确不能伸手打你了，但他们也无法张开双臂来拥抱你。这样一来，你的"安全地带"可能会变成一个孤独甚至危险的地方。

讨好他人可能会在短期内减少你的焦虑和恐惧，用这种做法避免愤怒反应或冲突，能够起到立竿见影的效果。从长远来看，你对消极情绪的恐惧只会愈演愈烈。除非你能学会如何用有效、适当的方式来表达愤怒、处理冲突，改掉你的逃避习惯，否则讨好症就会和你的恐惧一样，变得越来越糟。

▶ **作为一种回避策略，讨好他人只在一定程度上有效，超过了这个程度，就会引发愤怒和冲突。**

就像许多恐惧一样，你的恐惧很可能建立在一些错误的观念之上。在《绿野仙踪》(*The Wizard of Oz*) 中，主角们对"伟大而强大的奥兹"心怀敬畏，直到他们弄清真相，发现奥兹只不过是一个用烟雾和噪声制造可怕幻象的小个子。

你害怕的情绪似乎很可怕、很吓人，因为你把它们藏在了讨好他人的帘幕之下了。在下一章，我们会开始揭开这层帘幕，看清恐惧与回避的真相。

情绪调整

当你准备好克服对愤怒、冲突和对抗的恐惧，学会有效地管理它们的时候，请记住以下几点：

- 长期压抑你的愤怒，可能就像经常"大发脾气"一样，对你的健康有害。
- 通过讨好他人来避免愤怒与冲突，可能会把你的恐惧变成自我实现的预言。
- 你必须接触你害怕的体验，这样才能对焦虑脱敏，并培养处理这些体验的有效技能。
- 用先发制人的方式来讨好他人、避免消极情绪，可能会在不知不觉中造成相反的效果，甚至会引发愤怒和敌意，因为这种行为会让他人感觉到被控制、被操纵和挫败。
- 如果你在关系中不能自由表达消极情绪，那么你要付出的代价就是牺牲真正的亲密、诚实与真实。

第 12 章

对愤怒的恐惧

当你发现自己开始躲避他人,因为他们可能会让你帮忙的时候,你就知道讨好症已经控制了你的生活。作为一个讨好者,即使你没有时间,或者缺乏真正的意愿、精力或兴趣来满足这些要求,你也无法对别人说"不"。

当你想说"不"的时候,有几个原因让你觉得不得不说"好"。如果你拒绝对方的要求,你可能会担心他会生你的气,或者不再喜欢你了。你可能担心自己会显得自私、懒惰或不友善。

在你想出一个合理的理由说"不"之前,多年来作为讨好者的习惯会让你不由自主地说"好"。沉重的内疚——这种常常伴随你左右的情绪会阻止你拒绝他人的要求。

你会得出结论(就像往常一样),与处理说"不"带来的棘手的消极情绪比起来,说"好"要容易得多。然而,你没有意识到的是，通过做那些你既没有时间，也没有意愿去做的事情，你会产生更难以应对、更不安全的感受。

在你说了"好"之后（有时甚至在你完成对方要求你做的事情之后），你会对那个人充满愤怒和怨恨，因为他十分有效地利用了你的友善，以及你不能说"不"的缺陷。让问题更加复杂的是，你会因为怀有这些感受而感到羞耻和内疚，因为这是讨好者不应该有的感受。

直接向求助者表达你的愤怒和怨恨，因为他们利用了你乐善好施的天性，这对你来说似乎是不可想象的。毕竟，你连一个简单的"不"字都不会说。除此之外，你还会想，真正的问题在于你——你想得没错。于是你选择了"更安全"的做法，把愤怒、罪责和混乱的情绪都指向自己，因为你做了你从一开始就不想做的事。

讽刺的是，你最终会试图避开那些向你提要求的朋友和家人，因为你会强迫自己去讨好他们！事实上，你并不是真的想避开他们，或者让自己与世隔绝。相反，你做出这样的反应，是因为你害怕自己和他人的愤怒与怨恨，害怕那些可怕情绪带来的冲突与对抗。

愤怒是一个程度问题

和许多人一样，你可能对愤怒的本质有一些误解，这种误解助长了你对愤怒的恐惧。第一个误解是，你可能会把愤怒（一种情绪状态）等同于攻击（一种行为）。

攻击包括伤害他人，或损害无生命物体的意图。你对愤怒的恐惧建立在一种预期之上：愤怒一定会导致攻击行为，要么是单方面的攻击，要么是人际冲突。

在某些情况下，愤怒的确可能导致攻击。然而，事情并非一定如此。学会管理愤怒情绪，并有效、恰当地表达愤怒，能够大大降低愤怒引发攻击行为的可能性。

第二个误解是，愤怒就像一个开关。在这种不准确的极端看法中，你要么心平气和，要么暴跳如雷。当愤怒处于"关闭"状态时，你是清醒、理智的，没有明显的烦恼，或生气的内部迹象。一旦切换到"打开"模式，消极情绪就会彻底爆发，你会由内而外地发怒、激动、焦躁不安。

▶ **用非黑即白的观点看待愤怒是完全错误的。愤怒不是一个开关。相反，愤怒是一个生理唤醒水平逐步升高的过程。**

就愤怒程度上升的速度而言，人与人之间存在很大的个体差异。有些人是"热反应者"，他们很快就会发火。对于这类人，从 0（没有愤怒）到 100（怒不可遏）的过程发生得很快，甚至可以给人一种扳动了开关的感觉。尽管如此，即便是热反应者的愤怒，也是随着生理唤醒水平的升高而逐步发展的。

还有一些人是"冷反应者"，他们的愤怒的累积速度要慢得多。冷反应者也会像热反应者一样暴怒，但他达到那种程度的速度更慢，情绪累积的过程更长。

人们发火的频率或发生率也有所不同，能让他们发火的事情也不一样。最初对于 A 型人格的研究发现，这类人患心血管疾病的风险明显更高。研究者认为，这种疾病与"忙碌症"（总是因为在短时间内要做太多的事情，因此感到压力重重）、缺乏耐心、争强好胜、易怒和敌意等性格有关。[8]然而，多年以来，这些有关压力的大量研究已经明确表示，心脏病倾向的真正核心，就是长期的敌意与频繁的愤怒。

愤怒的四阶段

对愤怒的恐惧与另一种更普遍、更模糊的恐惧密切相关：对失控的恐惧。这里存在一种误解：当你在发火的时候，你就会被情绪淹没，导致不堪重负，最终你必然会失去管理或控制情绪及表达情绪的能力。将愤怒视为情绪开关的误解，会助长这样一种观念：一旦人开始生气，就必然会失控。

事实上，愤怒有四个不同的阶段。第一阶段是"黄色警报"，包含了一些最初的心理、生理警报，预示着你可能会生气。要学会管理愤怒，就要对自己在生气之前的感受非常敏感。

当然，情绪恐惧症会让你无法识别自己的黄色警报。这是因为，作为一个讨好者，你从一开始就花费了太多的心力，去否认自己有愤怒或其他消极感受。

愤怒有一些早期的迹象和感觉，你可以学着把这些线索看作自己很快会发怒的前兆。你也可以学习读懂另一个人即将发怒的"黄色警报"。感到着急、紧张、有压力，是烦躁和愤怒的典型征兆。对许多女性来说，水肿、腹胀或经前紧张的感觉，是情绪波动、烦躁和愤怒的典型生理黄色警报。

在工作场所，员工被上司贬低、斥责或羞辱就是愤怒的黄色警报，这种愤怒甚至可能升级为致命的暴力。最后要说的是，如果你感到疲劳、筋疲力尽、睡眠不足，你也应该小心，你可能很快就会变得暴躁易怒。

愤怒的第二个阶段是"点火"。此时你会真正开始发怒。想要有效地控制怒火，就要对内部的生理、心理线索非常敏感，这样你才能尽早发现点火阶段。一旦你意识到自己进入了点火阶段，就立即采用愤怒管理策略，能够帮助你更有力、更直接地控制怒火，而不是等到情绪全面爆发。

愤怒的第三个阶段是"升级"。很明显，愤怒管理的目标就是防止失控。学会调节愤怒升级的速度，以及你所允许的愤怒强度（从轻微的恼火到暴怒），能够帮助你控制自己，选择如何表达情绪。在这里，必须再次指出，愤怒的升级仍然有程度之分，并不是非黑即白的现象。尽管你觉得自己的怒气在不断累积，但你仍然可以控制自己如何表达愤怒。

就像许多身体疾病一样，管理愤怒，恰当、建设性地表达愤怒的关键在于早发现、早干预。当你的愤怒强度较低时，使用打断、分心、反向思维及其他管理策略都是有效的。因此，一旦你控制住了自己的情绪，处于点火阶段的愤怒可能就会顺利消解，完全跳过升级阶段。

▶ 有效的愤怒管理意味着防止情绪过于强烈，超出控制范围。

第四个阶段是"解决"。在这段时间里，人们会冷静下来，重整旗鼓，反思刚才发生的事情，并尝试修复处理不当的愤怒给关系造成的情感伤害。

这是有效解决冲突的阶段。在这个阶段，人们会建设性地利用愤怒所造成的后果，发现问题，找出解决方案。当冲突真正解决时，以后就没必要再争论相同的问题了。

愤怒的表达是不是恰当的，冲突是不是建设性的，以及这些区别对于讨好者来说意味着什么，都是本章和后面章节的主题。现在，意识到愤怒是一个程度问题，而不是一个"开关"，是培养控制力的重要起点。而且，理解愤怒是如何分阶段发展的，对于控制愤怒同样重要。

如果你从阶段和情绪强度的角度来正确理解愤怒，你就会更加相信，愤怒是可以管理的。如果你不能把愤怒看作不同的、明确的阶段，不能把愤怒看作不同程度的生理唤醒，你就很容易被愤怒体验所淹没、压垮，进而失控。

愤怒一定是不好的吗

简单的回答是"不一定"。愤怒有一个真实而重要的目的。

愤怒是你正常情绪中的一个关键组成部分，是你生而为人的本能。你的大脑和身体天生就有生气的能力，这是一种保护性功能。愤怒是一种情绪反应，表明事情出了问题，你可能会受到伤害。

从最根本的意义上说，愤怒对你的生存起着重要的作用。如果你感受不到愤怒，你在心理上就是有缺陷的，容易受到"社会掠食者"和其他人的伤害——这些人会利用你的被动或友善。

如果你的权利或边界受到了侵犯，或者如果你受到了虐待、剥削或其他不公对待，感到愤怒是完全合理的。然而，像大多数讨好者一样，当你生气的时候（尤其是对最亲近的人生气），你可能会感到内疚。内疚则意味着道德上的亏欠。对于愤怒来说，没有对与错、好与坏之分，所以你的内疚是不合理的。作为一个人，你不需要为自己的情绪承担道德责任；相反，你应该为你如何对待他人——如何选择表达情绪承担道德责任。

此外，当你感到愤怒时，如果你再感到内疚，你就只会给自己已经陷入的情绪泥沼中再添入另一种消极情绪，使问题变得更加复杂。从心理学上讲，内疚和抑郁是转向自己内心的愤怒。因此，如果你用内疚或抑郁来应对自己的愤怒，你就会让问题复杂化，因为你实际上是在对自己的愤怒感到愤怒。这种心路历程是对时间的巨大浪费。

接纳自己的愤怒，把它当作一种正常的人类情绪，而不是专注于内疚、抑郁或其他阻碍愤怒的情绪，从而回避愤怒，这是学会合理管理愤怒的重要一步。愤怒的价值与影响取决于你何时、如何以及为什么表达这种感受。

你真正害怕的是谁的愤怒

你之所以会如此害怕别人的愤怒，其中的一个原因就是你有一种潜在的担心，你担心自己可能会发怒。你的讨好习惯大概已经让你对自己的愤怒感到很陌生了，因此一想到释放愤怒的可能性，你心里就充满了不确定和焦虑。最让你感觉到威胁的是失控的可能性，因为你一旦发怒，就有可能失控。

由于你是一个讨好者，你长期压抑的愤怒可能会在你被动和顺从的外表之下蠢蠢欲动、呼之欲出。如果你不去考虑如何最好地表达你的愤怒，而只去担心他人，你就只会重蹈覆辙，用讨好去解决所有问题：关注他人的需求，把自己的需求放在最后。

学习有效地处理自己的愤怒，需要你做出一个决定：你会在生气的当下（恰当地）表达自己的愤怒。你可能努力彻底压抑了自己的愤怒。你甚至可能否认了自己的大部分（甚至所有）消极情绪，包括愤怒。但是，正如我已经告诉过你的，压抑和否认愤怒对你的身心健康不利。

在你看来，与表达自己的愤怒比起来，如何处理别人的愤怒才是更大、更严重的问题。你可能认为，愤怒对你来说不是问题，因为你从不"想那些事"。这就像一个广场恐惧症患者说，户外活动对他不是问题，因为他从不"到那里去"。（广场恐惧症是指，一个人由于自己强烈的非理性恐惧，只能待在自己的房子里。）

长期压抑愤怒，或者用被动的方式来表达攻击性是有问题的。过度受控制的愤怒，其实是导致暴怒（"憋不住了"）的主要原因。虽然频繁或过度地发泄敌意会危害你的心血管系统，但长期压抑消极情绪也会对你的健康造成其他损害。

研究表明，长期压抑愤怒和其他消极情绪，有可能会损害免疫系统的一个关键功能，从而可能破坏人们抵御癌症和其他传染病的能力。

就我们的目的而言，学会建设性地、适当地接纳和表达愤怒，是治疗讨好综合征的关键一步。

▶ **控制别人的愤怒不是你的责任。然而，你有责任理解和控制你的行为。正是这些行为可能造成愤怒的对话或对抗。你的话语，以及你说这些话的方式，有可能煽动、刺激和增加他人的怒火。从另一角度来看，你的互动行为也能平息对方的愤怒，改变关注的焦点，并使事态降级，减小破坏性冲突与敌对对抗的可能性。**

否认和压抑不会让你的愤怒减少或消失。你必然会有感到愤怒的时候——即使你试图否认或压抑愤怒。然后，由于你不能或不愿意用建设性的方式表达你的愤怒，促进问题与冲突的解决，所以你会感到无穷无尽的沮丧、不满、能力不足。

挫折会导致攻击，这是一条心理学公理。随着时间的推移，长期压抑的愤怒会产生火山喷发一般的挫败感。这种挫败感又会导致敌意的爆发。讽刺的是，通过压抑自己的愤怒，你实际上更有可能产生你最害怕的暴怒。

正如比尔在接下来的故事里最终学到的那样，通过努力避免愤怒、回避冲突，你甚至可能制造出你最害怕的灾难性后果。

对愤怒的恐惧与害怕承诺的伴侣

比尔称自己是"离异家庭的产物"。比尔的父母在他15岁时离婚了，但在他们还在一起的那些年里，甚至在离婚期间和离婚后，他们一直都在激烈争吵。

"我记得最清楚的是，自从我能听懂英语开始，他们就一直吵得很凶，"比尔伤心地回忆道，"他们过去常常相互辱骂。没有人能像我母亲那样让我父亲生气，反之亦然。我讨厌听他们吵架。"

由于童年的不幸经历，比尔对结婚的承诺非常谨慎。他养成了讨好他人的习惯——尤其是在与女性的关系中。他这样做是为了保护自己免于陷入愤怒与冲突，他认为正是这种愤怒与冲突破坏了父母的婚姻。和其他讨好者一样，比尔觉得愤怒与争论只会导致毁灭性的结果。

比尔在42岁时认识了30岁的康妮,两人都没有结过婚。康妮来自一个稳定的大家庭,在比尔看来,这是康妮最宝贵的财富。

经过近两年的交往,康妮渴望结婚。比尔坚定地告诉她,除非两人先住在一起,否则他是不会与任何人结婚的。用比尔的话说,这样做的原因是"为了确保我们能够相处融洽,这样就不必离婚了"。

康妮有些不情愿地同意了搬进比尔的公寓。康妮不像比尔那样害怕冲突,不过她还是试图压抑自己的愤怒,因为她理解比尔对冲突极度敏感。在她家里,家人会用健康、恰当的方式表达愤怒,从没有导致长期的怨恨或家庭关系的破裂。

"比尔和我唯一争论过的事情就是什么时候结婚,或者要不要结婚。"康妮说。

康妮和比尔陷入了一个陷阱,这个陷阱在很大程度上是比尔造成的。在同居六个月之后,由于比尔没有向康妮求婚,康妮提出了结婚的话题。但比尔拒绝讨论婚姻,根据他单方面的时间表,他认为他们在一起生活的时间"还不够长,不足以让他们知道未来怎样"。

康妮气愤地回答道:"我觉得两年半的时间足以让我知道你是否爱我,是否想娶我!"

看到康妮一闪而过的愤怒,比尔迅速反驳道:"看,你生气了。这正是我不能容忍的。如果你生气了,对我大喊大叫,我们最终会离婚的。在我们能够和睦相处之前,我是不会结婚的。"

又过了两年多,这一幕多次重演,一次比一次更激烈,但并没有让他们走向婚姻。每隔几个月,康妮的沮丧就会爆发,带来另一次挑战:"我们到底要不要结婚?我不想只是住在一起。我从来不想这样。我想结婚成家。我不想过家家!你快把我逼疯了。"

但是,比尔每次都固执地拒绝做出承诺。他的理由是康妮又生气了(的确如此)。在比尔的错误认知中,只要关系中有愤怒的迹象,就有发生婚姻冲突并最终离婚的风险。

康妮会回答说,她本来不是一个易怒的人。她指出,她愤怒的根源是比尔不愿意结婚,因此她觉得自己被拒绝了,感到非常沮丧。

在这段关系中,康妮当然没有一开始就对比尔大喊大叫。但是,随着时间的推移,她日益增长的挫败感耗尽了她的自控力。最后,她在绝望中大喊:"给我一个答案!你说你爱我。除了这个,我们从没吵过架。但你一直说我们相处得不够好,不足以让你娶我。我再也受不了了。"康妮沮丧地哭了。

两年后,康妮终于收拾东西搬出去了。一开始,比尔还沾沾自喜,坚持说他通过"测试"这段关系能否抵抗愤怒的冲击,最终避免了离婚。

但是,在分开六周后,比尔意识到他失去了生命中最爱的女人。如果不结婚,康妮就不答应搬回来住,她坚持认为比尔需要心理治疗,以便克服他对愤怒的恐惧,以及对所有冲突的回避。

这个故事有一个圆满的结局：康妮和比尔结婚了。从各方面消息来看，他们"从此过上了幸福的生活"（尽管他们偶尔会有健康的愤怒与冲突）。我上一次和他们联系时，得知他们刚刚生下了第二个孩子。

害怕愤怒的根源

讨好者对愤怒的恐惧，可能有着许多不同的原因。这种恐惧的根源就埋藏在童年创伤之中，就像前面比尔的故事一样。对于年幼的孩子来说，喜怒无常、脾气暴躁的父母可能非常可怕。

在小孩子看来，所有的成年人都很强大，不只是因为他们块头大、声音大、有权威。由于年幼的孩子几乎完全依赖于他人，他们需要大人处于掌控地位。孩子需要成年人保持理智、前后一致，为他提供安全感、保障感。

当父母或照料者大发脾气、喜怒无常的时候，孩子基本的信任感就会受到破坏。脾气火爆的成年人看起来不理智、不可靠、很可怕。

更糟的是，如果父母的愤怒引发了攻击行为或肢体暴力，孩子的世界就会变成一个充满危险的地方，这种危险非常真实，而且可能致命。对孩子来说，这样的家和家人非但不是缓解压力、消除恐惧的避难所，反而成了他们恐惧的来源。

如果上面的情况中再加上酒精，成年人的愤怒将会变得更加反复无常、不可预测、缺乏理性。由于酒精能削弱一个人的自控力，此时用拳头来表达攻击性的可能性要高得多。

在充满暴力的家庭里，孩子经常目睹的家庭闹剧（或悲剧）

往往是这样的：被动的、不能保护孩子的母亲被暴怒的、残酷的丈夫或男友迫害，这个男人酗酒。孩子可能也受到了肢体虐待，他从这种噩梦般的家庭恐怖场景中接收了一些糟糕的心理信息，这些信息讲述的就是愤怒的危险性和破坏性。

通过模仿学习，孩子只会理解两种处理愤怒的方式，这两种选择都是不健康、不恰当的。如果孩子看向母亲，他就会看到愤怒受到了压抑，变成了被动的态度，这种被动反而又会招致暴力的惩罚。如果孩子看向父亲或成年男人，他就会看到愤怒转化成了一种激烈的、恃强凌弱的暴怒，这种暴怒会向最弱小的受害者（包括孩子）发泄。

家里没有一个人能教会孩子如何安全、坚定、直接、建设性地表达愤怒，甚至没有人告诉孩子这是可能的。

我们经常能看到一个悲惨的现象，那就是肢体暴力的成年施暴者，在小时候往往也是暴力的受害者。由于缺乏有益的榜样，他们认为只有两种选择，这些人选择成为施暴者，不愿成为被动的受害者。在实施暴力之后，施暴者往往会感到懊悔，并表示他们对自己的愤怒十分恐惧，并且缺乏控制。

或者，暴虐父母的成年子女可能会把自己视为受害者。因此，他们养成了过度顺从的、讨好的人格，以掩盖自己潜藏的、令自己恐惧的愤怒。

有时，童年受过虐待的成年人会切换自己的角色，从一种极端行为模式转变为另一种极端模式，在某些情况下扮演受害者，在另一些情况下却成为施虐者。在大多数时候，这些转换角色的成年人会过度控制、否认和压抑自己的愤怒。然而，只要有足够大的压力，他们就会不时地爆发出无法控制的暴怒。

许多（不过不是全部）讨好症患者都表示，他们来自充满虐待的家庭。对他们来说，愤怒的内在体验是一种只有两个状态的情绪——要么完全"开启"，要么完全"关闭"。这反映了他们在家里或家庭关系里看到的愤怒表现方式：一个人是施虐者，另一个人是被动的受害者。讨好者对愤怒（无论是自己的还是他人的）的恐惧，可能让他们变得加倍的友善。

愤怒能害死人吗

对有些讨好者来说，对愤怒的恐惧建立在这样的信念之上：愤怒真的能害死人。

你甚至可能没有意识到，你对愤怒的恐惧有多深。也许，你可能就像我的患者阿琳一样，非常害怕激怒你爱的人。这不是因为你害怕受到身体上的攻击，或者你自己的安全受到了威胁。相反，你的恐惧是建立在这样的信念之上的：愤怒会给对方的健康带去可怕的、灾难性的，甚至致命的后果。

33岁的阿琳和40岁的医生加里已经结婚7年了。这对夫妇决定接受治疗，因为最近发生了一件事：面对加里的愤怒，阿琳产生了严重的惊恐发作。

然而，他们两人一致认为，问题的根源在于阿琳对愤怒有着强烈的恐惧和厌恶，而不是加里的行为。然而，从各方面看来，在当时的情况下，加里的行为既不合理也不恰当。

这件事的起因是，加里在无意中听到阿琳与她母亲打了一通电话，阿琳一边哭一边为自己是个坏女儿而道歉。

"我母亲很擅长让我感到内疚，"阿琳说，"我总是吃这套，受了不少苦。这是我们的老毛病了。"

"我挂断电话的时候，加里看上去在生我的气，"阿琳解释说，"每当我被母亲操纵的时候，他都会很生气。而且，我知道他是对的。我能感觉到自己变得非常焦虑，我恳求他不要生气。"

"这让他更加恼火了。他对我说，他是个成年人，不要再叫他不要生气了。他明显很生气，嗓门也变大了。他并没有失控。加里是一个非常温柔体贴的人，"阿琳解释说，"我不记得他还说了什么，因为我突然感到天旋地转。我心跳加速，开始出汗，浑身发抖。"

"我真的以为我要晕过去了。我相信自己是心脏病发作了，或者发疯了，"阿琳说，"加里看到我这个样子，就不再指责我了，而是看我有没有事。加里知道我惊恐发作了。"

在治疗中，我问了阿琳一个标准的诊断问题："你是否害怕自己会在惊恐发作时死去？"

阿琳的回答很有趣，为我理解她对愤怒的强烈恐惧提供了关键的线索。

"不，但我担心加里会死，因为我让他太生气了……"她停顿了一下，"就像我父亲一样。"她含着泪回忆道。

父亲去世的时候，阿琳才15岁。阿琳说她父亲是一个"行走的定时炸弹",因为他不苟言笑,健康习惯也很糟糕。

最重要的是,阿琳的父亲是个充满敌意的人。他的脾气反复无常,经常酗酒,而且很容易暴怒。

"我爸爸总是一点就着,"阿琳解释说,"他总是在生别人的气。我母亲完全被他的脾气吓倒了,她很担心他的健康。我姐姐和我在我爸撒酒疯的时候就会跑开,躲起来。他从不打我们,但他的愤怒相当可怕。"

"我还记得母亲曾经警告父亲说,总有一天,他的脾气会害死他。我清楚地记得,母亲曾不断地对我说一句话,'不要让你父亲生气。如果你惹他生气,他就会心脏病发作而死'。"

"父亲去世的那天晚上,我们确实大吵了一架。我不记得为什么了,但他对我大发脾气。我爸爸扯着嗓子咒骂,他脸涨得通红,对我挥舞拳头。"阿琳回忆道。

"他说他要去买烟,出门时砰的一声关上了前门。那是我最后一次见到他。他死于一场致命的车祸,"阿琳的声音里夹杂着愤怒与悲伤,"幸运的是,他开车撞上了路堤,没有其他人受伤。"

"糟糕的是,我一直以为父亲在开车时死于心脏病发作,"阿琳继续说道,"我母亲就是这样告诉大家的,包括我。去年,就在我姑姑去世之前她对我说,我爸爸在离开家之前已经喝了几个小时的酒。他死了——他害死了自己,是因为他醉酒驾车,没控制住车子。我猜我妈需要找个借口,这样她就不用承认爸爸喝醉了。我觉得她也开始相信自己的谎言了。"

"在我发现真相之后,我仍然感到内疚,因为我一直在想,如果我没有惹他生那么大的气,他就不会喝那么多酒了。我相信了我妈的谎言,相信他的心脏病发作了。这让我觉得,她所有的警告都变成了现实——是我把爸爸惹得那么生气,是我害死了他。"阿琳回忆道。"你知道吗,我母亲让我背负那种内疚,实在是太残忍了。我爸爸总是对每个人都很生气。他是一个尖酸刻薄、充满敌意的人,对自己的生活充满了愤怒,"阿琳说,"从那以后,我妈一直在让我感到内疚。我想,她需要找一个人来责备,而不是责备爸爸或她自己。"

然后,阿琳有了一个顿悟。"当我看到加里变得如此生气、如此恼火的时候,我却只能听到我母亲的声音。"阿琳回忆道。"我满脑子想的都是我惹加里生气了,他会死,会离开我。这就是我恐慌的原因。"阿琳总结道。

这次恐慌事件帮助阿琳了解了她为什么会害怕愤怒。她在治疗中有许多问题需要解决,但这是她开始改变思维方式,并最终克服讨好症的开端。

阿琳的故事戏剧性地说明了,人们可能会赋予愤怒许多有害、可怕的力量。他们相信,敌意、冲突,以及这些情绪与行为可能带来的压力,会加重一个人的疾病。典型的这类疾病包括心血管疾病(如心脏病和中风)、癌症、酗酒和双相(躁狂抑郁)障碍,尤其是在患者有自杀或自杀未遂经历的情况下。

如果一个人患有这种疾病,家人和密友就会担心,让"患者"

心烦意乱，或者让他生气就可能导致严重的伤害。例如，如果一个人容易患上心脏病或中风，那么暴怒就有可能致命。

对于酗酒者来说，人们担心的是，愤怒可能会导致他严重酗酒；或者，如果酗酒者正在戒酒，愤怒就可能会导致他破戒。如果躁郁症患者被激怒，这可能就是躁狂发作的信号。更糟糕的是，如果愤怒转向内心，人们就会担心可能会引发抑郁，导致自杀倾向，或者真的引发自杀行为。由于医生建议癌症和艾滋病患者应尽量减少压力，所以人们担心让他们心烦或愤怒会产生有害的结果。

尽管愤怒、压力与疾病之间肯定是有联系的，但真实的因果关系往往更加复杂。就心血管疾病而言，愤怒或敌意与疾病发作之间似乎有着直接的关系。然而，对于其他疾病，愤怒与压力的影响则更为复杂、间接。

就我们的目的而言，重要的不是科学原理，而是人们的这种信念：愤怒会造成更大的伤害，阻碍疾病康复，或者导致复发。就像阿琳一样，你自己对愤怒的恐惧，以及与此相关的讨好、回避行为，可能与你自身或亲近的人的健康问题有关。如果你像阿琳一样，你已经开始相信或怀疑愤怒真的会害死人，那么你对愤怒的恐惧就会被放大，这也是可以理解的。

当阿琳正确地将父亲的死因归结于父亲自我毁灭的人格与生活方式时，她的内疚感就开始消失了。当阿琳开始接纳愤怒是正常的，有时也是亲密关系必要的组成部分时，她与加里的关系就变得更健康了。

记住，愤怒本身并不是危险的或不好的。愤怒可能的不健康之处，在于它的表达方式。

发泄对你有好处吗

有一种流行的迷思认为,偶尔"发泄一下"对你有好处。毫无疑问,你听说过这类危险而错误的信念。通常,那些乱发脾气的人喜欢传播这类虚假医学信息,以此作为自己行为不当的借口。

这种错误观念认为,由于压抑愤怒,压力会在血管中积聚,如果不能允许愤怒不时地爆发出来,消除血管系统的压力,血管就会破裂。

事实远非如此。真正危险的是发泄暴怒,而不是控制怒气。没有人会从反复无常的怒气中受益。事实上,"暴怒者"可能会因为愤怒对身体的生理伤害而当场中风或心脏骤停。

即使暴怒者发完了脾气,他的心血管系统仍然会受到持续和累积的伤害。尽管暴怒者张牙舞爪、疾言厉色地试图引起他人的注意,而后者往往不会再听他说些什么。相反,别人会看不起这个怒气冲天的人,暴怒者不但失去了对自己的控制,也失去了别人的尊重。

暴怒和管理混杂在一起,就必然会引起麻烦。在工作场所,一个被上司怒斥的员工不太可能加倍努力,成为模范员工。相反,这名员工可能感到被针对、怨恨、愤怒,甚至完全不愿意尝试下次做得更好。或者,这位员工可能会对主管的愤怒威胁做出过激反应,他的糟糕心态很可能会破坏他改过自新的努力。

在充满敌意的工作环境里(这种敌意可能体现为主管无法控制自己的愤怒),员工可以声称自己产生了与压力相关的情绪、身体症状。在当前的诉讼环境下,用咄咄逼人、充满敌意的暴怒

(尤其是那些针对个人的暴怒)惩罚下属的政策,就是在等着吃官司。

根本没有必要为了强调信息的严重性或重要性而大喊大叫、脸红脖子粗、张牙舞爪、污言秽语,或者用其他任何方式发脾气。事实上,这样做只会适得其反。

用不成熟的方式表达愤怒,不仅不会引起他人的关注,反而会导致人们把注意力放在过于情绪化的表达方式上,而不会关注想要传递的信息。发脾气破坏了严肃性,而不能强调严肃性。

当你生气时该说什么

▶ **为了健康地、建设性地表达愤怒,你的表达应该是清晰、坚定而直接的。**

你传递信息的目的是交换准确的信息(在这里,你的目的是获得情感反馈),从而使问题和冲突得到有效的解决。也就是说,你要告诉对方你现在很生气,这样你以后就不必再为了同样的问题而生气了。

要建设性地沟通,你就必须为自己的愤怒负责,并不是其他人让你产生情绪的。与其说"你做的某件事让我很生气",远不如说"当你做某件事的时候,我感到既难过又生气"。

责备与指责不利于建设性地表达愤怒,侮辱、威胁、最后通牒或攻击行为也是如此。你的嗓门也应该保持在适当的大小。坚定、毫不动摇、清晰而直接地表达,比尖叫、咆哮和充满敌意的威胁更能赢得尊重和关注——后面这些都是言语虐待。

用语言或行动恐吓他人既不具有建设性,也不健康,尽管这种方式可能会吓倒对方,实现其目的。如果你这样说,就能更有效、更恰当地表达你的感受:"我太生气了,现在就连跟你说话都很难。"相反,你不应该大喊:"我太生气了,我想把你撕成两半。"

威胁的姿态(包括拳打脚踢、扔东西或挥舞某些东西)都不是建设性的表达,而是具有恐吓甚至虐待的意味。任何表达愤怒的暴力行为,无论是实际行为,还是威胁和暗示,都是有破坏性的、不可接受的。

直接说"当你做某事时我很生气,因为我觉得……/因为我认为……"就能够恰当地表达愤怒。对方会意识到你生气了,因为你这样说了,而不是因为你用肢体或言语的恐吓来表现了你的愤怒。

在用健康的方式表达愤怒时,你可以用合理的提问来分析问题的原因:"你为什么要这么做?"这句话表达了你对解释感兴趣,并且愿意倾听。

然而,像"你怎么能这么做"或"你到底为什么要做这么愚蠢的事情"这样的反问句是毫无建设性的。这些问题只会在言语上抨击对方。

有时候,你表达愤怒的目的是更好地理解自己的感受。你可能希望与朋友、配偶、治疗师或其他倾听者谈论你的愤怒(这些人没有造成你的消极情绪,或者与你的消极情绪无关),这样能帮助你更好地理解自己的反应。

解决问题和冲突需要打破有问题的循环,要向惹你生气的人表达你的感受。如果你隐瞒自己生气的事实,还认为你在通过回避冲突来保护这段关系，保护对方，那你就不会向对方提供必要的信息，让他以后用更好的、不同的方式来对待你。

▶ **与讨好他人的信念相反，愤怒与冲突不一定会破坏关系。建设性的冲突反而很有利于维持健康的、亲密的人际关系。**

―――――― 情绪调整：克服对愤怒的恐惧 ――――――

- 愤怒不是一种"开关"。愤怒的发展是循序渐进的，会经历不同的阶段。了解这一点可以帮助你有效地管理和控制自己的愤怒。
- 愤怒可以用恰当的方式表达，这样对你和你的关系都是健康的。清晰、坚定、直接地表达你的愤怒，对于维持良好的关系是必要的，也是有建设性的。
- 不恰当地表达愤怒（比如反复无常的暴怒或暴力行为）显然是危险的、不可取的。愤怒（情绪状态）与攻击（敌对行为）不是一回事。
- 长期压抑愤怒会损害你的健康，经常用有攻击性的方式表达愤怒与敌意也是如此。"'发泄一下'对你有好处"是一种危险的迷思。暴怒对任何人都没有好处。
- 你没有责任去控制别人的愤怒或脾气，他们要为自己的情绪反应负责。愤怒与疾病之间的联系很复杂。你不太可能因为恰当地表达了你的愤怒，就对别人的身体健康造成严重的伤害。

第 13 章

语言真的能伤人

  我观察到的一种现象一直让我感到很悲哀：肢体虐待留下的伤疤会愈合，而心理、情感或言语虐待所留下的伤痕却会持续终生。虽然经历肢体暴力可能是让人害怕冲突和愤怒的一个原因，但绝不是唯一的原因。如果在充斥着心理虐待的环境中（成年人用恶毒的言语和情感虐待来恐吓和惩罚孩子）长大，孩子也会发现，自己一辈子都对愤怒怀有强烈的恐惧。

  如果父母对彼此、对孩子进行言语、情感虐待，他们就会给孩子造成痛苦的心理创伤。虽然这些伤口是看不见的，但依然伤人很深。如果父母在愤怒之下（或者因为愤怒）说出伤人、残酷、贬低的话语，就会导致心理伤害，以及对愤怒的恐惧。

  在一些充满虐待的家庭里，并非只有在偶尔有人生气的情况下才会出现贬损与情感虐待；相反，这种贬损与虐待是一种持续的、充满敌意的情感暗流，这就是不正常家庭关系的显著特征。随着时间的推移，这种隐秘的虐待会使人身心俱疲，破坏家庭关系，为养成讨好他人的习惯创造有利的条件。

例如，如果一位父亲在少年棒球联赛的球场边讥讽、愤怒地数落他超重、不善运动的儿子，那他比一个完全不去看比赛的父亲对孩子自尊造成的伤害更大。或者，如果父母指责青春期的女儿社交混乱，每次在女儿化妆或穿时髦衣服的时候叫她"妓女"或"荡妇"，就会给女儿造成严重的内疚、焦虑和性困惑，从而破坏她正在发展的自我概念。

那些在童年、成年时期遭受过情感虐待的讨好者，对言语可能造成的痛苦非常敏感。在大多数时候，这种对于言语对抗的恐惧会助长我们在第11章讨论过的"逃跑"循环。那些被言语虐待过的人，也会在言语和情感上虐待他人。

23岁的莫莉有一张漂亮的脸庞，但她一直在与超重问题做斗争——她超重了75~100磅。

回忆起其他孩子对她体重的取笑，莫莉泪流满面。当她回忆起兄弟姐妹和父母对自己的辱骂（尤其是关于她饮食习惯和体重的辱骂）时，她泣不成声。

莫莉的大家庭里有五个兄弟姐妹，再加上她的父母，每个人都会用言语互相攻击。她说，小时候，每天在餐桌上的互动总是包含相互取笑、说俏皮话，但总要伤害某个人——受害者通常是她。莫莉说："没有人能幸免，包括我的父母。我们家里常说的'笑话'是，直到有人哭着离开餐厅，晚餐才算结束。"

"我现在意识到，那是一个充满敌意的成长环境，"莫莉回忆道，"我甚至害怕和家人一起过节，因为我知道他们会开始斗嘴，那场面会变得非常难看。"

莫莉说，在她成长的过程中，家里常常有人发脾气；每当这种时候，家里就会吵得很凶。她说，她必须学会口头反击，这样她才能保护自己，在兄弟姐妹面前"挽回面子"。

长大以后，莫莉很难控制住自己充满敌意的说话风格。莫莉伶牙俐齿、言语恶毒，尤其是在她被逼到无法控制自己脾气的时候。在那种情况下，她就会用残酷、讽刺的言语抨击别人的弱点。

"在我家里，你必须学会言语攻击才能保护自己。我并不感到骄傲，我知道我的话伤人能有多深。"她解释道。

"大多数时候，我是一个真正的讨好者，因为我害怕如果发生冲突，我会说些什么。我总是觉得自己会被侮辱、被排斥，"莫莉承认，"如果我能让人们需要我，喜欢我，那么我想也许他们会忽略我的体重，接纳我。"

"如果我觉得有人生我的气了，我就会准备好接受'胖'的批评。然后，如果那个人真的生气了，我对他人愤怒的恐惧就会再度出现，让我进入'攻击模式'。我会率先出击，去伤害对方，这样他就会闭嘴，不再伤害我。我家的座右铭是'巧妙的进攻是最好的防守'。"莫莉解释道。

"当我开始攻击别人时，我会说一些非常伤人的话。

当然，事后我会非常内疚，我会一个劲儿地道歉，试图赢得对方的原谅。所以我的讨好习惯会变得更糟糕。"

在治疗中，莫莉逐渐意识到，她为了避免对抗而采取的讨好策略并不奏效。相反，莫莉培养了她的愤怒与冲突管理技能，并训练自己控制住"先发制人"的言语攻击模式。

最后，莫莉意识到大多数人都和她的家人不一样，不太可能对她进行人身攻击。她现在知道，即使有人侮辱她，她也可以选择不同的回应方式，而不用变得那么难过。

"完全诚实"能掩饰愤怒吗

有一些人以"完全诚实"为幌子，隐藏了自己的愤怒与攻击性，他们会实施一种特殊的情感虐待。当然，他们声称，完全诚实始终是"最好的处事之道"。

这里的问题在于"完全"，而不在于"诚实"。经常有人打着"完全诚实"的幌子，自私地发表刻薄的、无来由的、恶毒的批评，以及破坏性极强的言论。如果这些言论的目的是伤害对方，而且对对方没有任何实际价值，那么这些言论就更多地体现了说话者的愤怒、攻击性和嫉妒，而不是他"完全诚实"的品格。可以说，完全诚实而不圆滑，并且以伤害他人的感受为代价，很可能是品格上的缺陷，而不是优点。

可以理解的是，在受到不请自来、无端的言语伤害时，听者常会对这种所谓的坦率沟通做出愤怒的反应，或者表达出受伤的感情。然而说话的人又会反问："你怎么回事？我只不过是实话实说。"言下之意是，你应该表示理解甚至感激。

几年前，我有一位患者被诊断出了乳腺癌。由于她有严重的家族病史，医生给她做了基因筛查测试，确定她确实属于高危人群。医生建议她做预防性的双乳切除术和全子宫切除术。这位勇敢的女人有一帮很棒的女性朋友支持她。然而，她的丈夫告诉她，在做了这些手术之后，他"很难"继续把她视为一个女人，对她产生兴趣。

听了这番话，妻子哭了起来，而她的丈夫却发了脾气："你为什么这么缺乏安全感？你知道我是爱你的，我只不过是实话实说。这就是你想要的，不是吗？"

讨好者通常不会说出这种伪装差劲、带有虐待意味的"实话"。可悲的是，你们可能会听到这样的话。

讨好者有时候觉得自己就像沙袋一样，被人用重拳反复击打。

真正的诚实和正直是伦理道德的核心。但是，正如上面的小故事所示，即便是诚实和正直也可以在共情与敏感的影响下，变得更加温柔。用"诚实"这个词来为残酷辩护，是对德行的败坏。善良在道德上也是有价值的。

取笑是有敌意的

敌意可以通过许多微妙的形式表达出来，但这种表达仍然具有破坏性。在有些家庭里，比如在莫莉家，取笑算是一种竞争激烈的游戏。在这种餐桌上的玩笑中，孩子可能会从父母或兄弟姐妹那里听到特别令人困惑的要求，比如"别往心里去，我逗你玩的"或者"她不是那个意思，她只是在开玩笑，不要难过"。

从本质上讲，取笑是有敌意的。每当有人开了一个人的玩笑，或者取笑了一个人，都会在暗中传达某种程度的愤怒与攻击性。

> ▶ 让一个孩子或成年人不要因为取笑而感到受伤是十分令人困惑的。这就好像在告诉他，有人在打他耳光时不要退缩和哭泣，因为攻击者"只是为了好玩"。

有一种迷思认为，取笑能让孩子的脸皮厚一些，但事实恰恰相反：患有讨好症的成年人在小时候经常被取笑（尤其是被他们的家人取笑），他们很容易因嘲讽而受伤，对取笑他们的笑话极度敏感。

如果你对取笑很敏感，你不需要为此道歉。允许别人笑话自己，或者允许别人用有敌意的幽默来对待自己，既不令人钦佩，也不是情感健康的表现。在有人取笑你的时候，如果你也和他们一起笑，你不仅贬低了自己的自尊，也奖励了他们伤人、残忍的行为。

有一首古老的儿歌唱道："棍棒和石头，能打断我的骨头；言语和文字，却不能伤我分毫。"这首错误儿歌需要改了。实际上，骨折可以相对较快地愈合，但言语可以而且的确会留下深深的伤痕，有时这种伤痛永远无法治愈。

如果你回想自己的童年，你大概想不起你见过的棍棒和石头，甚至想不起自己曾经被它们打过。然而，你一定会清楚地记得那些给你带来过极大痛苦的话语，即便这些话被伪装成了"好心"或"善意"的幽默。

作为一个讨好者,你之所以讨厌愤怒和对抗,不是因为你害怕被某种武器殴打或伤害;更有可能是因为,你害怕充满敌意的、伤人的话语。学习愤怒管理的技能,能让你接纳言语的力量,用言语来缓解冲突,引导潜在的对抗,从愤怒的冲突变为建设性的解决。

愤怒的爱和其他复杂信息

如果你觉得刚才讨论过的一些童年经历或家庭故事让你感到熟悉,你可能不仅害怕愤怒,而且可能对你的一些积极感受有着矛盾和困惑的感觉。这是可以理解的,因为许多言语和行为常常会把虐待(身体、情感或言语虐待)与爱和情感联系在一起。当爱和愤怒混合在一起时,就可能传达出痛苦而复杂的信息。

在典型的虐待循环里,在伤害发生之后,施虐者通常会经历一个自责、懊悔、道歉、请求受害者原谅的阶段。这个道歉阶段会包含很多爱受害者的信息。

接下来是蜜月期,施虐者会浪漫地向受害者"献殷勤",试图赢回对方的爱。同样地,在这个阶段,施虐者会一直强调他有多么爱受害者(而他却在不久之前刚刚殴打过或者用其他方式虐待过受害者)。

在这个过程中,爱和虐待结合在了一起,给受害者带来了严重的心理压力。例如,当受虐待的妻子说"他很爱我,所以他才会打我"时,这就反映出了她的困惑。当她为丈夫的愤怒辩解,并且自愿承担罪责的时候,她再次反映出了自己的困惑:"他当然会打我。我知道他喜欢吃嫩牛排,而我把牛排煎过头了。我太笨了。"

家庭暴力的受害者通常经历过多次、反复的殴打或情感虐待。这意味着受害者会一直停留在这段关系中。如果你问一个被虐待的女人,为什么她不离开,她通常会这样回答:"我太爱他了。"

当儿童受到虐待时,旁人常常用"爱"和"关心"来为虐待做出解释。"你知道你爸爸是爱你的。"母亲可能会这样安慰一个遭到肢体或情感虐待的儿童或青少年。或者,更糟的是,性犯罪者可能会告诉他年幼的受害者,说他们之间所谓的"亲密"是爱和情感的秘密纽带。

▶ **当愤怒和情感以不恰当的方式结合在一起时,就会传达出来一条复杂的信息:"爱会带来伤痛。"也就是说,如果你受伤了,说明真的有人爱你。**

如果你体会过这种爱与攻击结合在一起的奇怪体验,那么你现在根本不会相信这两种情感。亲密对你来说可能是攻击的前兆,而讨好则可能是你回避这两种情感的方式。

你可能有过这样的经历。你当时可能是虐待的受害者,而对方在攻击你之后郑重地表达了爱与悔恨。你可能早就应该分手了——在这段关系里,通过发生性关系来和好通常称为"和解式性爱",是恶劣的争吵中美好的部分。

由于你独特的个人经历,你对愤怒和冲突可能有着复杂的反应,不能简单地描述为"害怕"。对抗可能会让你感到既兴奋又排斥。或者,你可能会感到害怕或焦虑,因为你对自己的情绪感到很困惑。

最重要的是，讨好他人会让你失去看清自己的内心、克服恐惧或重新学习健康反应的机会。

害怕伤害他人

梅雷迪思是一个有魅力的单身职业女性，也是一位讨好症患者。39岁的梅雷迪思正在努力寻找"合适的男人"，这样她就能结婚成家了。她梦想着那些她会做的事情，她会让每个人都幸福快乐。

在过去的六个月里，梅雷迪思一直在和弗雷德约会。弗雷德是一个40岁的离异父亲，有两个儿子。梅雷迪思说，她和弗雷德在一起的时光"很美好"，而且他也很"善良体贴"。

"但是，"梅雷迪思解释道，"我知道他不是我的真命天子。我对他并没有那么感兴趣，我不确定我们有什么共同之处。这让我很困扰，因为他对我的感觉似乎远比我对他的感觉要多，但我不想伤害他，所以我什么也没说。"

去年11月，随着假期的临近，弗雷德邀请梅雷迪思和他以及他的两个儿子一起去克利夫兰，与他的家人首次见面。梅雷迪思一想到要见弗雷德的父母就感到恐慌。

"看起来他很认真，但我并没有爱上弗雷德，"梅雷迪思解释道，"我没法说'不'，但我也没有明确同意与他一起回家。"

"我不忍心和他分手。说实话，我不想在假期里还处在这种'暧昧'关系里。每年的这个时候，孤身一人很让人沮丧。弗雷德是个很好的人。我知道，如果我告诉他我的感受，他一定会崩溃的。我很不愿意伤害他。"梅雷迪思告诉我，"我一想到要去拜访他的家人就害怕。当我诚实面对自己的时候，我知道我嫁给弗雷德的可能性几乎为零。"

"在我内心深处，我本来打算在假期结束后和他分手。"梅雷迪思承认。

梅雷迪思一再推迟他们关于度假旅行的讨论。终于，在12月初，弗雷德公司圣诞聚会结束后的一个晚上，梅雷迪思借着酒劲告诉了弗雷德，她对他有什么感觉——或者说，她对他没有感觉。

"我没有准备好面对他的反应，"梅雷迪思说，"弗雷德确实生气了。但他并不是因为我告诉他真相而生气。他感到生气和受伤，是因为我没有坦诚地对待他。相反，我误导了他，让他爱上了我。"

"弗雷德说，他甚至告诉他的父母和孩子，他会把他要娶的女人带回家！"

"他对我说，我努力不去伤害他，最后反而羞辱了他，"梅雷迪思继续说道，"弗雷德对我说，他已经是个大人了，如果我能成熟一些，在弄清自己的感受之后坦诚地告诉他——坦率地说，也就是在约会两三周之后，我就能为我们俩节省宝贵的时间。"

"在我们交往的几个月里,弗雷德其实有好几次问过我对他、对这段关系的感受。对我来说,让他相信自己想要相信的事情,比承认我的真实感受要容易得多。"

"圣诞聚会后的第二天,我们又谈了这件事。真正让我难受的是,弗雷德说我的行为是多么不尊重他。他说,如果我在相处几个月后告诉他,我不想再和他交往了,他可能会很失望,但我不会伤害他的自尊,也不会让他感到尴尬。他告诉我,他看上去和内心里都像是'一个可笑、愚蠢的青少年,迷恋着不切实际的爱人'。"

"我认为他是对的,"梅雷迪思总结道,"我没有爱上弗雷德,但我很喜欢他这个人,绝不想既伤他的心,又伤害他的自尊。我对自己和我处理这件事的方式都感觉很糟糕。"

梅雷迪思从与弗雷德交往的经历中学到了重要的人生经验,不过他们两人都付出了高昂的心理代价。

知道何时分手

一般来说,讨好者会大大高估问题升级为激烈对抗,或恶化为情感危机的可能性。就像梅雷迪思误解了弗雷德一样,你也可能认为,你必须遵守自我设定的所有"规则",否则别人就会对你做出消极的反应。

例如,许多讨好者一想到在餐馆里退菜就会退缩,哪怕那道菜实在令人无法接受。他们为什么不愿抱怨?这是因为讨好者不想让服务员或餐馆老板生气!或者,他们不想冒犯或伤害厨师的感情!

　　害怕伤害别人感情,害怕引起别人愤怒或否定,让你养成了讨好他人的回避模式。你有一种扭曲的、夸张的预期:他人会做出愤怒的、情绪化的、有攻击性的反应。这就是你不愿说"不",不能维护自己的利益,不满足自己的需求,不能做出许多坚定自信、有益健康的行为的原因。

　　从本质上讲,你认为,如果你不能取悦他人,他们就会生你的气、排斥你、否定你,或抛弃你。因此,根据你的这种预期,你会选择"逃生路线",以避免你最害怕的消极情绪。

　　当你觉察到敌意或消极情绪的迹象时,你就会自动采用讨好他人的回避策略。但是,由于你回避了大多数冲突,因此你很少有机会检验你的预期,或者学会用恰当的方式去应对消极情绪。

　　心理学家将思维与情绪之间的错误联系称为情绪化推理。因为你害怕他人的愤怒与敌意,所以你觉得那种愤怒和敌意就像真实存在的一样。这样一来,你就为你扭曲的讨好习惯找到了合理的借口。你这样做是为了消除他人的攻击行为,但实际上,别人从没有表达出愤怒的情绪。

　　梅雷迪思表现出了一种特殊的情绪化推理,这种推理在讨好者身上非常普遍。每当你发现自己陷入了一段不开心、不满意、不感兴趣的关系,就会产生这样的推理。不管你多么渴望结束这段关系,你似乎都没有勇气这样做。典型的讨好症想法是,你不想伤害别人的感情。

　　然而,如果你深入探索自己的动机,你就会发现,你不想伤害别人感情的背后隐藏着对冲突的恐惧。你隐藏的恐惧是,如果你终止这段关系,对方可能会生气,而不仅仅是会受伤。那时你可能会遭遇可怕的对抗。

讨好者特别不愿意主动分手,这种现象似乎在约会的时候,或者在更认真的恋爱关系中最为普遍。然而,在许多所谓的友谊中,我也看到过许多这样的基本现象。

在这种情况下,所谓的朋友可能会一再伤害讨好者。然而,讨好者却不愿意终止这段关系,即使这段关系已经变成了情感虐待,因为这样做可能会伤害那个虐待他的朋友!

另一种形式的不愿分手也会出现在工作场所。在这种情况下,讨好者可能有足够的理由辞职——有时会举出雇主虐待、骚扰、剥削员工的事例。然而,为了避免雇主生气、不赞成或"受伤",讨好者会留在工作岗位上,无法鼓起勇气辞职。

无论在哪种形式的关系里,这种回避都会让讨好者作茧自缚,付出巨大的时间代价,错失寻找更合适的恋人、朋友或雇主的机会。

梅雷迪思的故事有力地说明,这种回避行为会给关系双方都造成消极影响。为了不伤害弗雷德的感情,梅雷迪思不仅造成了她试图避免的事情(伤害弗雷德,并且让他生气),也伤害了自己。

――――――― 情绪调整:语言真的能伤人 ―――――――

- 不要试图在人际关系中消除愤怒。建立安全信任的关系要好得多,在这样的关系中,任何一方都可以毫不惧怕地表达适当的愤怒。
- 在应该分手的情况下,因为不想伤害对方的感情而迟迟不愿分手,其实对双方都是缺乏尊重的。

- 你有义务检查你的动机，审视你的意图，理解和表达你的感受，尤其是当你的感受影响到另外一个亲密或亲近的人时。你是真想保护别人的感受，还是想避免自己没有能力处理的愤怒对抗？
- 如果你真想善待他人，就要对自己的行为和动机负责。在对待他人的方式上做出正确的选择。
- 语言真的能伤害你。取笑是有敌意的。打着完全诚实的幌子，表达几乎不加掩饰的敌意，在道德和心理健康的角度上都是站不住脚的。

第 14 章

为了避免对抗，
你愿意付出多大的代价

  大多数讨好者都坚信，所有的冲突都是有破坏性的。因此，你可能非常擅长回避冲突，哪怕是冲突的蛛丝马迹你也不能容忍。你可能完全不知道，冲突也可能带来有益的结果。相反，在你看来，所有冲突和对抗似乎都是危险的、可怕的、有害的、破坏性的，务必要避免，不惜一切代价。

  冲突对于一段关系来说，可能是建设性的、健康的，这种观念似乎有些自相矛盾。如果用建设性的方式处理，冲突对一段关系就可能是有好处的。

  与你的直觉相反，幸福的夫妇与那些婚姻不幸的夫妇在是否有冲突方面并没有太大的不同。换言之，所有的关系（无论好坏）都有冲突。

关键的区别在于如何处理冲突。幸福的夫妻会化解冲突，而不幸福的夫妻一般做不到。因此，不幸福的夫妻会反复为相同的问题争吵。幸福的夫妻会利用冲突的契机，增进对彼此的了解，使关系受益；而不幸福的夫妻会把冲突视为权力斗争，只有一方能赢，而另一方必然会输。

幸福的夫妻会用建设性的方式处理冲突，为关系中的目标与需求服务。不幸福的夫妻却会切断和破坏本该将他们联系在一起的情感纽带，因为他们受到了破坏性冲突的影响。

我们来看看一对夫妇在周六晚上准备外出时可能出现的一种典型的冲突。这里的冲突与偏好有关——妻子非常想吃中餐，而丈夫想吃意大利面。丈夫的首选电影是一部科幻动作片，而妻子最想看的是一部浪漫喜剧。

显然，这对夫妇的选择从一开始就存在冲突。然而，他们完全有可能表达各自的偏好，顺利解决分歧，而不说一句生气的话。

他们可以抛硬币，让赢家选择晚餐或电影，让输家选择另外一项。他们也可以说好抛两次硬币——一次选择餐馆，一次选择电影。或者，妻子可以决定放弃她的选择，因为她想让丈夫开心。丈夫也可以同意妻子的选择，做一个好男人。最后，他们可以求同存异，想出一个折中的解决方案：他们可以吃汉堡，看一部激情惊悚悬疑片——只要能在一起就很开心。

现在，想想第二对面临相同冲突的夫妇。这对夫妇没有合作找出解决方案，而是让问题升级为争吵，最终甚至演变成一场严重的大吵大闹。他们之间的对话可能是下面这样的。

妻子:"我们总是去你想去的地方,看你想看的电影——都是些愚蠢的男人电影。这不公平。我每天晚上给你做饭,而你连餐厅都不让我选。如果你真的爱我,你就应该偶尔试着取悦我。"

丈夫:"哦,得了吧。你是我见过的控制欲最强的人。你对家里的每个人都呼来喝去的,我不会让你控制我!如果你更关心我作为一个男人的感受,而不仅仅把我当作一张'饭票',你就该放松下来,去看我的电影!我宁愿一个人待在家里,也不愿意和你去看可笑的'女生电影'。事实上,如果你坚持要按你的想法来,那我们就不要出去了!"

类似的情况屡见不鲜。面对相同的客观事实,这两对夫妇在冲突中走上了截然不同的路线。只有一对夫妇达成了解决冲突的目标。第二对夫妇不太可能达成任何共识,只能待在家里生气。这是因为,第二对夫妇的争吵其实与餐馆或电影无关,而是与权力和控制有关。如你所见,这场争论反映了两人关系中深层次的紧张与冲突。

这两对夫妇之间的比较能给我们两方面的启示。第一,他们之间的区别表明,冲突并不一定预示着愤怒的对抗。第二,这也说明了冲突升级到危险程度的速度有多快,尤其是在双方使用破坏性策略的情况下。

第一对夫妇以友好合作的方式解决冲突,把他们的首要任务放在了和睦相处、让对方开心、防止可能的争吵上,因为争吵会降低和破坏他们的关系质量。

然而，第二对夫妇用输赢、赢家通吃的视角看待这个问题。关于吃什么、看什么电影的冲突很快恶化为一场权力斗争，充斥着指责、威胁和强迫。

我们可能很难相信，一对夫妇会为了一些看似平常的事情大吵一架，比如选择什么餐馆或电影。如果你曾经有过一段不正常的关系，或者目睹过这样的关系，那么第二对夫妇的争吵就会有一种真实的感觉，也许比第一对夫妇冷静、合作的交流更加真实。

建设性冲突的益处

如果处理得当，冲突可能是非常有益的。例如，通过冲突，关系中的人可以谈论困扰他们的问题，或者导致他们不快乐、不满的问题，来增进相互理解。

当冲突开始解决问题的时候，双方可能会达成新的共识，商定未来什么是可以接受的，什么是不可接受、不可取的。在建设性的冲突中，参与者会改变极端的立场，寻求折中的解决方案，更好地满足各方的需求和愿望。如果冲突能得到有效解决，同样的分歧在未来出现、引发问题的可能性就会小得多。

建设性的冲突可以成为加深积极情感与承诺的契机。建设性的冲突不会给任何人造成情感伤害，也不会瓦解或削弱维系关系的基本情感联结。这样恰当地处理冲突，能够增进双方对这段关系、对伴侣、对他们自身的总体信任感、安全感与尊重。

如果冲突双方或多方都同意遵循建设性冲突的共识，控制愤怒，不让情绪升级，他们就创造了一个安全的环境，这让他们能够提出分歧，讨论有争议的问题。通过这些方式，人们就可以通过解决问题、消除纷争、满足彼此的需求，来不断提高他们的关系质量。这样一来，他们就能变得更加亲密，在情绪上也能获得更大的满足与幸福。

如果冲突能带来如此丰厚的回报，为什么讨好症患者会觉得冲突如此可怕、有威胁？为什么讨好者愿意尽一切努力避免冲突和对抗？

回避冲突的代价

每当有人告诉我，他们与配偶或伴侣从不争吵，或者从来没有分歧，我就会心怀疑虑，感到担心。

回避冲突并不是一种值得夸耀的长处。相反，这是关系中的一种令人担忧的异常症状。这种问题会使亲密关系降温，阻碍亲密与信任。

在任何关系中——无论是私人关系还是工作关系，冲突都是不可避免的。这并不是说一定会有争吵和公开对抗，而是说看法、偏好、风格、兴趣等方面的分歧迟早会出现。如何表达这些分歧，以及这些分歧是否得到了有效地解决，决定了冲突的性质是建设性的，还是破坏性的。

通过讨好或其他方式来回避冲突，并不能消除冲突。就算人们为避免冲突费尽心思，但冲突依然存在。

你可以把冲突想象成一头大象，它径直矗立在你的客厅里。你可以绕着大象走，对它视而不见。你可以不去对它说话，也不去谈论它，但大象依然会在那里。你知道这一点，大象也知道。

如果得不到解决，冲突就会反复发生，并且会越来越令人沮丧，对关系的破坏性也会越来越强。在这种情况下，冲突通常会演变为危险的权力斗争，正如我们在前文的例子中看到的那样。

▶ **如果你不承认、不参与任何冲突，你的麻烦和问题得到解决的可能性就很小。**

未解决的问题所产生的不良情绪，会在你的关系中潜移默化地蔓延。最终，在反复出现的、未解决的冲突的重压下，关系可能会破裂……并且结局很糟糕。

你大概认为，你的讨好习惯能有效避免大部分（甚至所有）冲突。虽然你的策略能保护你免于陷入破坏性的冲突与敌意的对抗，但也会阻止你通过建设性的交流来学习解决冲突，进而从中获益。

这就像为了避免事故而不坐火车，或者为了避免失事而拒绝坐飞机一样。这些回避策略可能会让你免于创伤，但也会让你困在原地，严重限制你前进的可能性。

同样地，讨好他人也许能帮助你避免破坏性的冲突，但你的关系也不会有任何进展。冲突与健康地解决冲突，对个人与关系的成长都是必要的。如果你想在关系中更进一步，你就要坐上火车（飞机）。

你不遗余力地防范所有冲突，好心地取悦他人，实际上可能会伤害你费尽心思想要保护的人和关系。

冲突是如何升级的

在我从事临床心理学工作的 25 年里，我经常在前来寻求治疗、试图解决关系问题的夫妇身上观察到一种奇怪的现象。每当一对夫妇试图重演或回顾他们在家里发生的争吵时，就会发生这种现象。

当这样的夫妇重演他们的冲突时，冲突几乎必定会升级，两人的脾气也会越来越大，把所谓的重演变成另一场真实的争吵。在合适的时候，比如在争吵开始的5分钟后，我会打断他们，问一个看似无关痛痒的问题："是什么引起了这场争吵？你们最初争论的主题或问题是什么？"

接下来，会有片刻意味深长的停顿。尴尬的夫妇面面相觑，然后又看向我。接下来，他们哈哈大笑，并承认他们都不知道我问题的答案。如何解释他们这种关于冲突的失忆症？

答案在于理解冲突升级、失控与内容转换的机制。下面的例子很能说明这一点：

> 治疗一开始，乔治就说，他和妻子艾丽斯在上次治疗后的一周里发生了一次严重的争吵。我让他们在我办公室里重现一下当时的争论。稍稍犹豫过后，乔治和艾丽斯很快就忽略了我的存在，又开始了一场激烈的争论。
>
> 这场争吵最初是这样的：一天深夜，身为律师的艾丽斯从办公室回家，发现乔治把盘子留在水槽里没洗。
>
> 艾丽斯说，这"真的让她很恼火"，因为她和丈夫一样努力工作，而且工作时间往往还更长。她说，她认为他们应该平等分担家务和育儿。她认为乔治不洗盘子的行为明显违反了他们的共识。

乔治是市法院的一名法官，他反驳说，他为两个儿子和自己做了晚餐，只是忘了洗盘子。

"你完全是反应过度了。我并没有什么特别的意思，我只是忘了洗那该死的盘子。"乔治抗议道。

"哦，拜托，"艾丽斯反驳道，"你只是忘了？为什么我不相信呢？别跟我说我'反应过度'了。你知道这种事让我有多生气。"

"也许我不相信你只是'忘了'洗，"艾丽斯继续说，"因为你总是做这种事。你做事总是半途而废。你说你赞同分担责任，但不知怎么的，我总是在承担大部分责任。"

"这就是所谓的男女分工，"艾丽斯说，"因为我是女人，我就应该多做家务。你故意把盘子留在那里给我洗，因为你知道我有盘子没洗就睡不着觉，你知道我必须自己去洗。我觉得这根本不公平。我们工作都很忙。为什么总是我去洗盘子？"

"好吧，那为什么总是我做饭呢？"乔治迅速反驳道，"我做饭，你洗碗。这不是分担家务吗？"

"你知道吗，亲爱的，"艾丽斯讽刺地说，"你总是振振有词。说实话，你一周有几天要做饭——一天？我负责买菜，几乎每天晚上都要做饭，一半以上的时间都是我收拾餐具，因为你有工作要做。你猜怎么着？我也有！"

"法官阁下，"艾丽斯继续挑衅地说，"恐怕无论你是不是法官，你都不像你以为的那样，能够做到公平公正。你发自内心地相信，即便一个女人像我一样，上了哈佛大学法学院，她最终的归宿依然是持家。我真的很担心这样会给我们的儿子传递什么信息，会让他们如何对待生活中的女性。"

听到这里，乔治退缩了。"打住，"他说，"别扯那些。别指责我是个坏丈夫，还是个坏父亲。我相信你也不希望把自己作为妻子和母亲的表现放在显微镜下审视，对吧？"乔治咄咄逼人地问道："再说了，两个儿子一个8岁，一个10岁。我们用不着担心他们会如何对待他们的妻子。这太荒谬了。"

现在艾丽斯受伤了。她流着泪说："你为什么一定要让我对儿子们感到内疚？你就像我妈一样！不管我们说什么，最后都会说到我对孩子不够好。你真是个残忍的浑蛋！"

这时候差不多该我插嘴了。我打断他们，问道："这场争论最初是怎么开始的？"我提这个问题是有目的的。我知道是什么引起了争吵，但我也知道他们大概不会记得。

乔治和艾丽斯都被激怒了。他很生气，她说她除了愤怒之外，还感到悲伤和内疚。当冲突即将升级到最高点时，最初吵架的原因会暂时被遗忘。最后他们才想起，厨房水槽里的脏盘子是这场冲突的导火索。

这个例子说明了冲突有升级的趋势。乔治和艾丽斯重现出来的冲突表明，一旦吵起来，他们的冲突似乎很快就会失控，并扩大到人身攻击的危险领域。

冲突的等级

冲突的升级是很好预测的。冲突会沿着三个具体而明确的等级向上发展。[9]为了有效解决冲突，人们应该在与问题最相符的等级上解决冲突。乔治和艾丽斯的例子有助于生动地阐明这个理论。

冲突通常始于等级1：关于行为的冲突。这个水平的冲突包括人们在言行上的分歧或差异（对心理学家来说，言论是一种行为形式）。乔治在做过晚饭后把盘子留在了厨房的水槽里；艾丽斯回到家里，发现了脏盘子，既生气又恼怒。这是这对夫妻冲突的行为层面。

接下来冲突会升级到等级2：关于关系中的价值观、原则、规则和共同信念的冲突。从真正的意义上说，这些原则掌控着这段关系，就像法律控制或管理国家，公司章程控制公司一样。这些原则规定了人们对他人的期待：他人应该如何对待自己，以及自己应该如何对待关系中的他人。

对于乔治和艾丽斯来说，一旦她提起公平的概念，以及他们之前同意分担家务的共识，冲突就会升级到这个水平。他们之所以会吵起来，是因为乔治认为他做饭、她洗碗符合分担家务的规则。然而，艾丽斯认为乔治是在操纵她去洗碗，因为他可能怀有女人应该比男人做更多家务的想法。

乔治和艾丽斯是在为平等的价值观、性别角色、公平和家务责任分工而争吵。他们是在为作为夫妻所认同的原则、规则、价值观和信念而争吵。这意味着他们处在等级2的冲突中。

然而，一旦指控开始变成针对个人的，冲突就会升级到最严重、最危险的等级3：关于人格、心态、感受、意图和动机的冲突。这个等级的冲突涉及双方对于对方人格特质、情绪、心态和意图的推断。在等级3，争吵造成的破坏最大。

乔治认为艾丽斯的情绪是反应过度，也就暗示了她太情绪化了。（顺便说一下，这是男女之间常见的等级3冲突。）作为回应，艾丽斯质疑了乔治的本性，暗示即使他是一个法官，也做不到真正的公平公正。艾丽斯这样做，是在暗示乔治是一个伪君子。

当他们开始在养育子女的问题上相互指责时，争论开始变得异常激烈。艾丽斯指责乔治让她感到内疚，就像她自己的母亲一样。她声称，乔治总是在争论中把话题引向她作为母亲的表现。

乔治做出了防御的回应，警告艾丽斯不要"扯那些"，不要指责他是个坏父亲、坏丈夫。于是艾丽斯愤怒地骂乔治"残忍的浑蛋"。

当冲突达到等级3时，争论就会开始针对个人。在这种高度针对个人的水平上，建设性与非建设性的冲突之间仍然具有一些重要的差异。这些差异会对关系的健康与稳定产生重大的影响。

建设性的冲突可以防止伴侣质疑彼此的爱、忠诚或对关系的基本承诺。在这样的冲突中，双方仍然相互尊重，不会质疑将彼此联系在一起的基本价值观。因此，这些价值观没有受到争论的影响。

然而，在破坏性的冲突中，人们会提出危险的、有害的问题，质疑他们对关系是否足够投入，是否还爱着彼此。甚至基本的尊重、信任和喜爱都可能"摆到桌面上来"，受到公开的质疑。一旦对这些基本问题产生了怀疑，两人之间的关系就会受到损害。破坏性的冲突会迅速扩展到危险的领域，从最初争论行为，发展到相互责备、谴责、威胁、强迫。

如果夫妻能建设性地处理争论，就能直接或间接地增强他们的基本关系（也就是说，他们没有质疑基本价值观）。因此，冲突被控制在了安全的范围内，伴侣双方可以安全地表达不满，甚至表达暂时的愤怒。确定行为共识的过程（如谁洗碗、如何对待姻亲），实际上能够增进亲密关系，加深理解。

有效的冲突解决常常发生在冲突的第2级。这意味着双方对于关系的规则达成了新的共识。旧的共识可以进一步修正、细化，就像艾丽斯和乔治的情况一样。等级2的共识通常能减少未来发生争论的可能性，因为双方可以根据共同商定的规则，来进一步解决潜在的问题。

艾丽斯和乔治的基本问题是，如何平等地分担责任。最终，这对夫妇采用了轮流做家务的方案。从周一到周四，他们轮流负责做饭和洗碗，每个人会在一周的两天里全权负责这两项工作。从周五到周日，他们在外面吃饭，这样既不用做饭，也不用洗碗。这一共识有助于他们消除今后关于谁洗碗、谁做其他家务而发生的冲突。

显然，除了家务问题以外，艾丽斯和乔治的关系里还有一些其他问题。家务问题导致了许多愤怒的言辞。当家务问题得到解决时，艾丽斯感到很满意，因为这个方案是平等的；而乔治也再次做到了明智和公平。

乔治和艾丽斯还必须达成一些共识，明确如何进行公平的争吵。他们学习了建设性冲突的原则，并通过遵循这些原则，发现了他们的分歧并不是那么严重，也不会对他们的关系造成损害。

如何建设性地争吵

显然，分歧的内容或主题都与愤怒情绪和冲突升级有关。如果一对夫妇对于伴侣是否忠诚、是否有外遇的问题产生了分歧，很可能就会变得很情绪化，也可能会生气。如果冲突与金钱有关，那么愤怒、冲突升级的可能性就相对较高。然而，如果冲突涉及在哪里预订晚餐，那么就不太可能发生愤怒的争吵——不过正如我们在前面所见，这当然也是有可能的。

尽管分歧的主题很重要，但实际上所有的冲突（或潜在冲突），无论是有关大事还是琐事，都有一些共同的过程或发生方式。

▶ **所有冲突既可以建设性地解决，也可以破坏性地处理，这取决于冲突各方之间的关系。同样地，任何主题的冲突都有可能升级，变成针对个人的、可能具有破坏性的冲突。**

通过理解建设性、破坏性策略，深入了解分歧升级的原因与过程，你就能更好地管理冲突的过程与结果。你学到的越多，处理愤怒和冲突的技巧就越熟练，你的恐惧就越少，你也就能够越快地打破讨好他人的模式。

所以，我们来仔细看看建设性争吵与破坏性争吵之间的主要区别。

更多的信息 vs. 更少的信息

建设性与破坏性冲突的第一个区别在于冲突双方之间交换的信息数量。在建设性冲突中，信息会增加。分歧变成了双方澄清分歧的机会。

在随后的讨论中，双方会开诚布公地谈论感受、想法、价值观或态度。双方可能会透露他们童年的经历、与父母的关系，或者其他家庭关系模式。商业伙伴则有可能会说出他们对公司发展的个人愿景，或者他们对于财务崩溃的担忧。

无论关系是什么性质，谈话涉及什么内容，在建设性冲突中，双方会通过口头表达更多的信息，而非更少。

相反，破坏性冲突的特点是信息交流减少。这意味着在冲突中，一方或多方会退出讨论，或者不提供言语信息。

如果一方单方面拒绝谈论某个问题，推迟或拖延讨论，挂断电话，离开现场，切断线上通话，或者采取"沉默攻势"，就会发生这种情况。无论采用的是哪种或哪些方法，破坏性冲突的特征就是，冲突中和冲突后的信息交流总量减少了。

灵活 vs. 僵化

第二个区别是，参与建设性冲突的双方基本上会对彼此保持友好与合作的态度。他们会坚持灵活地解决问题，愿意协商，愿意妥协，把维持关系、关系质量看得更重要，不会为了赢得争论而不计任何代价。

在破坏性冲突中，双方会保持敌对的立场。他们会把彼此看作零和游戏中的竞争对手。在这种情况下，只有一方能在冲突中获胜，而另一方不会。此时个人利益比关系更重要。胜利才是最重要的。

此外，在破坏性冲突中，双方都是僵化的、不灵活的，他们都会固执地坚持自己最初的对立立场。也就是说，对他们来说，妥协和协商都是不可能的。

信任 vs. 不信任

在建设性冲突中，双方是相互信任、开诚布公的；在破坏性冲突中，双方互不信任，只会有选择性地、谨慎地信息披露，还会保密与怀疑。

友好 vs. 敌意劝说

在建设性冲突中，永远不会存在威胁；一方可能会用劝说、讨论，甚至慷慨激昂的争论来影响对方，但不会采用强迫和操纵的手段。威胁、胁迫和操纵的策略是破坏性冲突的标志。

责任 vs. 指责

建设性冲突中不允许侮辱或人身攻击的存在，也不允许指责的存在。虽然双方并非总是需要明确某个问题或冲突产生的原因，但分析原因通常是有好处的。如果这种分析是有价值的，讨论中的各方都会尽量保持中立和客观。

▶ 建设性冲突的主要目的是从经验中吸取教训，防止未来同样的问题再次发生，而不是为了指责，把注意力放在过去。

寻找冲突原因的第二个目的，是增进相互理解。然而，应该谨慎行事，不要找合理化的借口，要真诚地内省和思考。

在建设性冲突中，说话的人会为自己的感受、想法和行为负责。在破坏性冲突中，指责就像炮火一样，你来我往。

限定范围 vs. 东拉西扯

建设性的讨论只局限在当下问题的范畴内，不会牵扯以往的问题。换言之，双方不会到过去的冲突中"翻旧账"，也不会提及之前的行为来支持自己的论点。双方有意无意地同意"就事论事"。

肯定关系中的基本价值观 vs. 破坏价值观

在建设性冲突中，双方不会提及或质疑关系的基础。在建设性的婚姻冲突中，双方都不会怀疑对方的承诺或忠诚，也不会怀疑对彼此的爱与尊重。在建设性的婚姻冲突中，根本不会出现诸如分居或离婚之类的威胁言辞。

同样地，其他关系中的建设性冲突也不允许双方质疑关系的基本原则。在同事之间，或者主管与员工之间的冲突中，要尽量避免对忠诚、诚实、奉献或继续雇用关系的质疑，因为建设性冲突假定维持这种关系是可取的。而且，在朋友和家人之间，建设性的冲突会巩固而不会破坏维系关系的爱与忠诚。

一旦任何关系的基础受到质疑，冲突就会变成破坏性的。像"如果你真的爱我，你就会做某事""如果你真是我的好朋友，你就会做某事"或"如果你真的关心这家公司，你就会做某事"等话语，表明可能的建设性冲突将要转变成破坏性的争吵了。

解决 vs. 重复

总而言之，建设性冲突是安全的、富有成效的。这种冲突会在深化相互理解的基础上，达成新的共识。与破坏性冲突不同，建设性冲突以解决冲突为最终目标。

冲突双方通常会感到更有力量、更自豪，对他们应对问题、制订有效解决方案的能力更有信心，相信这些方案能够消除或大大减少未来再次发生这种冲突的需要。建设性冲突的双方，在个人与关系层面上都会有成长与改变。

相反，破坏性冲突是重复的、不安全的、伤人的、无效的。这种冲突通常是悬而未决的。这就会导致伤害、怨恨与愤怒残留下来。破坏性冲突的双方缺乏有效的解决方案或共识，很可能在不久的将来就同样或非常相似的问题再次争吵。

破坏性冲突的双方不会感到自信、自豪，而是会感到受伤、难过、非常沮丧、愤怒、不对劲。他们会觉得自己陷入了未解决的问题里，停滞不前，陷入了反复挑衅、指责和责备的模式里。他们会感到彼此疏远，没有建设性冲突解决后产生的亲近、亲密感。

破坏性冲突是一种消极经历，会导致人们（尤其是讨好者）回避冲突，对吵架产生恐惧。他们会羞于提出问题，供将来讨论，他们的关系缺乏有效的问题解决与纠错机制。

你对冲突的恐惧可能与过去某些破坏性的、充满敌意的冲突经历有关。你长期通过讨好他人来避免冲突，甚至一想到分歧都会让你感到危险。

现在，你已经知道，建设性冲突有着明确、具体的规则。你对冲突的恐惧是习得的——来自痛苦沮丧的经历、糟糕的教育、榜样，也是（或者是）在讨好症背后的错误思维的帮助下自学的。

充满希望的好消息是，既然你对冲突和愤怒的恐惧是习得的，那你也可以消除这种恐惧。通过学习良好、扎实的冲突管理技能，你就能克服自己的恐惧，把自己从强迫性的、讨好他人的顽固行为，以及自动化的逃避行为中解脱出来。

当然，如果双方都能理解并遵守建设性冲突的指导原则，就能最好地解决冲突。一旦你掌握了本书中的知识和技能，你就可以将其分享给你最亲近的人，与他们进行公平而有建设性的争吵是最为重要的。

即使你是唯一一个进行建设性对话的人，这样仍然比你完全回避冲突，或者进行一场破坏性的冲突要好。

情绪调整：克服对对抗的恐惧

当你努力克服对吵架和对抗的恐惧时，需要记住一些重要的事情：

- 在亲近的关系里，不要害怕建设性的争吵；相反，你应该担心隐藏或回避冲突的强烈倾向，这才是关系问题的症状。
- 人与人之间必然会有一定程度的冲突，尤其是在亲近的关系里。建设性的冲突是健康的，有利于人际关系。
- 你真的不能完全回避冲突，也不能让关系中没有冲突。（记住：大象始终在那儿。）然而，与其回避冲突，你可以学会在冲突升级到破坏性的程度之前中止冲突。有效地解决冲突，你们就不会一遍又一遍地陷入同样的冲突。
- 作为一个讨好者，你对愤怒、争吵和冲突的恐惧是习得的；你可以消除你的恐惧，重新学习有效的方法来应对愤怒、解决冲突。
- 你对愤怒和冲突的恐惧，让你高估了别人生气、对你翻脸的可能性——无论你表达愤怒的方式有多恰当。这是一种情绪化推理——因为你觉得某件事可能是真的，你就觉得它好像是一个既定的事实。

第 15 章

前进一小步,做出大改变

你现在已经逐步了解了讨好症三角的三个边。现在,你应该已经非常了解你的讨好症行为对你的生活质量所造成的影响了。

你把自己的需求放在次要位置太久了,以至于你心里充满了沮丧、怨恨和愤怒。你可能会暗自抱怨别人利用你的慷慨,或者责备自己任由别人予取予求。

每一天都像煎熬一样,你觉得你需要像昨天那样,为别人做各种事情,来证明自己的价值,而你明天还得再做一遍。尽管你陷入了一个自我挫败的循环,但你仍有一条出路:

▶ 你必须下定决心做出真正的改变。

我的提议很简单:你拿出动力,我为你提供重新掌控生活所需的工具和技能。你不需要知道如何治愈讨好症,那是我的工作。你只需要下定这样做的决心。只要你对激动人心的改变保持开放态度，我就会提供方法，帮助你在个人康复的道路上前进。

我知道，乍一看，要克服像讨好综合征这样根深蒂固、破坏性极强的问题，似乎是一项令人望而生畏的任务。我向你保证，你有能力迎接这项挑战。(想一想，你每天为了满足别人的需求而做了多少事情，消耗了多少精力。)

最重要的是，你下定了决心，要让自己的行为方式变得更健康，要让自己对自身和他人的看法和感受变得更健康。你现在已经知道，讨好他人并不是通往满足与幸福的道路。成千上万已经克服了成瘾和其他不健康的强迫性习惯的人都知道，康复需要一步一个脚印、一天接一天的进步。

你在了解讨好症三角的时候，你一直在阅读、思考、与他人谈论你的讨好症。当我们一起沿着这条三角形的道路前进时，我在途中多次指出，只要你改变一种想法、行为或感受，你就会打破讨好症的循环，开启改变的赋能过程。

迈出小小的步子，就会产生巨大的、鼓舞人心的改变。很快，你就会看到，随着讨好症的康复，自己终于理清了自己的想法，从恐惧中解脱出来了，并重新掌控了自己的行为选择。

Say No

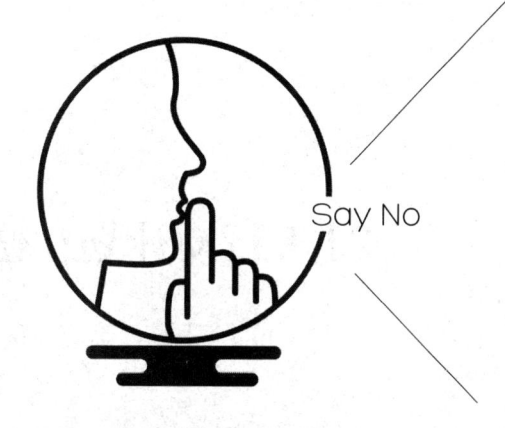

治愈讨好症的
21天行动计划

21天行动计划：使用指南

  你现在已经准备好开始你的改变过程了。这个部分包含一个21天的训练计划，能帮助你开始治愈你的讨好症。正如我已经告诉你的，不要操心这些方法为什么有效，如何起作用。你需要做的，就是按照每天的计划去做，这样你就能学会改变讨好习惯、达到完全康复所需要的技能。

  把自己想象成一个训练中的"心理运动员"，你正在和教练或训练师密切合作。训练师知道这些练习为什么有效，如何起作用。他的任务就是告诉运动员该做哪些训练，如何正确地训练。最重要的是，训练师的工作是让运动员走上正轨，激励他们一步一步、一天一天地坚持训练。

  请把我想象成你的私人训练师。如果你遵循这个计划，你就能达成你的目标。我开发了这些技术，并且在多年的时间里使用过其中的每一项技术，并且在治疗讨好症患者方面取得了巨大的成功。我知道，如果你坚持下去，这个计划肯定也能帮到你。

改变长期存在的模式需要耐心、毅力和练习。不要期待自己能做到完美，或者一夜之间掌握新的人际技巧和工具，这样你就必然会把自己置于失败的境地。你有足够的犯错空间，也有足够的时间（你的余生），去不断地练习，提高自我。

当然，由于你一生中大部分时间都在培养和精进自己的讨好能力，你就不该指望自己在3周内完全康复。你可以把21天作为最低限度的指导方针。你可以按照自己的节奏，允许自己用更长的时间（比如两三天）去完成我布置给一天的任务。

本着"前进一小步"的精神，记住不要提前阅读。一天只需要读一天的内容，做一天的练习。不要让自己负担过重。完成整个计划应该至少要21天的时间。

重要的不是你能以多快的速度完成这个计划，而是要以合适的、舒服的速度前进。不要匆忙地完成计划，或者半途而废，以便腾出时间来照顾其他人，这正是你需要纠正的行为和想法。

这是属于你的时间。这是你赢得的奖励……早就有资格享受这个奖励了。现在，用这些时间来帮助你克服那些让人筋疲力尽的行为、认知和情绪吧。重要的是，你要按照本书呈现的顺序，一步一步地阅读并完成计划的每个步骤。

要治愈讨好症，你没必要彻底改变你的整个人格结构。不管你患上讨好症的原因是什么，每个人的康复之旅基本上都是一样的：小步前进，做出有针对性的重要改变。

你只需要用一个新的、准确的想法来代替一个有缺陷的想法；用一个自信坚定的"不"来代替一个下意识的"好"；用一次积极的问题解决经历来代替一种回避冲突的反应，这样就能开始你的康复之旅。

下面的 21 天行动计划,将一天一天、一步一步地引导你远离讨好症循环,找到幸福得多、健康得多的生活方式。虽然这个计划能带来神奇的结果,但它真的没有什么神奇之处。它只是常识,建立在坚实、有效的心理学和行为改变原则的基础之上。

一旦你踏上了个人改变的旅程,就会感到向前的动力。你每迈进一步,远离自我强加的为他人忙碌的状态,你就会对自己的生活产生一种日益增强的、令人兴奋的力量感。

关心他人是你的选择

我想向你保证,这个 21 天行动计划完全符合你做一个友善、有爱心、善良、慷慨的人的价值观和需求。(但是,不能随时做个好人也没关系!)当你完成 21 天计划的时候,你不会变成自私、以自我为中心、对他人冷酷无情的人。那将是对人格的一种错误重塑。

我希望,在接下来的 21 天结束的时候,你会更喜欢当下的自己,而不是更不喜欢。事实上,我真心希望你能成为你想做的那个乐于付出的人。但是,我希望你能掌控自己的选择。

正如你即将学到的,比起讨好他人,更好的选择是主动选择关心他人——你可以选择何时、如何付出你有限的时间和资源,并且可以选择给谁。这样一来,你就可以为自己的需求保留足够的时间和精力。顺便说一句,你会把自己的需求看得更加重要。

当你能够选择如何关心他人,而不是强迫性地顺从于他人的需求与要求时,你最终就能重新掌控自己的生活。要做出选择,不要下意识地反应,这样你才能去做你最想做的事情,而不是去做每个人要求你做的每件事（或者你认为别人需要你做的事）。

▶ 治愈讨好症并不意味着你必须牺牲或改变你乐于付出的天性，也不意味着放弃你想要给许多人带去快乐的愿望。但是，这确实意味着放弃获得每个人的认可，打消一直对所有人都很好的冲动。

当你完成这项 21 天行动计划时，你就能获得做出正确选择的必要技能与真正的自由。你不再会被讨好他人的冲动所控制，你能控制自己的讨好他人的欲望、意图和努力，同时也能照顾好自己。

事前准备

当然，你最需要的东西是这本书、你的决心和动力。除此之外，你还需要：

- 几本横格纸
- 笔
- 便笺纸
- 一个装纸的文件夹
- 一本空白、无格的日记本
- 一个支持你的朋友或家人，在你需要的时候帮助你（有很好，但不是必需的）

现在，你可以开始了。花一些时间思考下面这些智慧的话语，让你做好思想准备：

"如果我不关心自己,谁来关心我?

如果我只关心自己,我又是谁?

如果现在不行动起来,更待何时?"

——希勒尔(Hillel),12世纪

第1天

别在想说"不"时却说"好"

今天你要学习的第一个技能是说"不"的能力。

要打破你下意识说"好"的习惯,一共有5个必要的步骤。在接下来的几天里,你要学习和练习这些步骤。

当你面对别人的任何要求、邀请或其他任何形式的要求时,你要用以下一系列的行动,来代替你根深蒂固的、立即说"好"的习惯。

第1步:"争取时间",暂时不要给出答复。

第2步:明确自己的选择。

第3步:预测每种选择可能产生的后果。

第4步:选择最好的选项。

第5步:坚定而直接地回应要求/邀请,行使自己做出如下选择的权利：

- 说"不"
- 还价
- 说"好"

现在，你将一步步地学习如何明确自己的选项，弄清自己可以如何回应他人的要求，以及如何审慎地选择，既考虑要求者的需求，也考虑自己的最大利益。

暂缓答复

为了改掉你对别人的要求下意识说"好"的习惯，你需要暂缓给出你的答复，以便仔细考虑自己的选择。俗话说三思而后行（在这里，是三思而后同意），这是一个明智的心理学建议。

▶ **在面对邀请、要求或请求之时，如果你能学会过一段时间再给答复，你的掌控感就能立即提升。**

电话中的要求。只要有可能，在对方提出要求之后，甚至在你真正"争取时间"之前，你应该试着短暂地中止谈话。例如，当与你通话的人要求你做某事或去某地时，你在当下应该做出的反应是：

- "我可以让你稍等一下吗？"
- "请你稍等一下好吗？"
- "我需要放下电话考虑一会儿。"
- "我过几分钟再打给你好吗？"

这个简单的行为本身就能打断下意识说"好"的循环。当来电者等待你说话或回电的时候，你可以从下面的"争取时间的话语"清单中选择一句话来回答他。当你继续说话（或回电话）的时候，你就可以用其中的一句话来"争取时间"。

争取时间的话语

1. "等我查查日历（日程安排、预约记录，等等）再给你答复。"
2. "我需要一点时间来考虑。我晚些时候（明天、过几天、本周晚些时候）再给你回电话。"
3. "我可能有事，会有冲突。我去查一下，然后尽快给你答复。"
4. "我需要时间来查一些事情，我查清楚了就打电话答复你。告诉我什么时候联系你合适。"
5. "我现在不能给你答复，但我很快就会答复你。"
6. "我不确定我有没有时间（做这件事），所以我只能明天（晚些时候、下周）再告诉你。"

你争取来的时间能让你检查你的选项，预测说"不"和说"好"的后果，并选择最符合你的利益的回应。

当面交流中的要求。与电话不同，人并没有"保持呼叫"按钮。然而，如果可能的话，在别人当面向你提出要求后，最好能短暂地中止交流，这样你就不会下意识地回到以前的模式里。

在面对面交流中，对于别人的要求，你理想的第一反应应该是找个借口离开几分钟，打断你说"好"的下意识反应。这就相当于在打电话时让对方等待。

如果可能的话，在对方提出要求之后，在你回答之前，找个理由离开几分钟。你可以说你需要去洗手间、打个电话、喝点咖啡，或者从办公室或车里拿点东西。关键是要让你的人离开现场，这样你就能控制住自己下意识地顺从他人的冲动了。

如果不能离开几分钟，或者这样做会太尴尬，那也没关系。暂时中止谈话是最好的，但不是必需的。

用言语争取时间。在任何情况下，无论是你让打电话的人等一等，还是找理由中止了谈话，还是无法离开现场，你接下来要做的，是上述五个步骤中至关重要的第 1 步：告诉提出要求的人，你需要一些时间才能答复他们的要求。

回顾一下争取时间的话语清单。在你真正答复要求之前，每句话都能有效地为你争取做决定的时间。你可以把清单复印几份，放在家里和工作中使用的所有电话旁边，也可以放在钱包里。

演练争取时间的话语。这些话语对你来说可能很陌生。因此，你需要一遍又一遍地练习，直到你能自然而轻松地说出来。重复练习能让你说得更自如。就像学习一门外语一样，你要大声练习和演练这些话语。

仔细检查你的语气和语调——你要听起来既坚定又愉快。你不应听上去缺乏信心，或者好像你并不觉得自己有资格"争取时间"。你也不应该听起来很生气或很强势。如果可能的话，或者如果你想要的话，可以让一个支持你的朋友或家人帮助你，让他们给你反馈。

当你在说每一句话的时候，记住你不是在要求更多时间；你是在告诉对方，你需要一点时间来思考，然后才能给出答复。注意不要在陈述句的末尾提高声调，好像你在提问一样。

▶ **在做出任何承诺之前，你完全有权利考虑。**

你这样做只是为了争取时间，做出正确的选择，而不是像往常那样下意识地说"好"，以便讨好他人，那样你很可能在话音刚落的时候后悔。

至少从清单里选择两句话，牢记在心中。如果你愿意的话，也可以添加你自己的话。无论是哪句话，你练习得越多，你在使用它的时候就会越自如。每句话至少要练习五次，每天至少要在三个不同的时间练习，直到你"争取时间"的话语听起来坚定、直接而自在为止。试着在演练时保持微笑，这样有助于你保持语气轻松愉快，但依然自信果断。

第 1 天总结

- 复印几份"争取时间的话语"。把这些清单放在你使用的每一部电话旁边，在钱包里也放一张，这样就可以在手机通话或面对面交流时派上用场了（一定要谨慎使用这份清单）。
- 把这 6 句话大声地念几遍。
- 在一天中三个不同的时间练习这些话语。确保你的语气直接而坚定，而不要像是在道歉或是生气。
- 今天到此为止。明天再读第 2 天的内容，每次只学一天的内容。

第 2 天

破录音带技术

昨天，你学会了在别人向你提要求时，如何用必要的话语来争取时间。今天，你将通过学习如何处理阻力来巩固这些技能，这样你就不会屈服于压力，在你想说"不"的时候说"好"。

如何用破录音带技术来处理阻力

在你"争取时间"之后，提出要求的人可能会坚持要你立即做出回应。或者，由于你过去总是逆来顺受，要求者可能会多次地重复他的要求，并希望你像过去一样顺从。

处理阻力的方法就是使用破录音带技术。通过准确理解并重述对方的情绪反应，承认你已经清楚地听到并理解了对方的要求，并且你也理解对方的坚持。然后，重复你争取时间的话语——就像一张破录音带一样。这个技巧的关键在于，不要回应对方在抗拒时所说的话。如果你做出了回应，很可能就会失去对谈话的控制权。

下面的剧本向你展示了如何把各个步骤结合在一起，运用破录音带技术，从而成功地抵抗顺从对方的压力。

朋友：（打电话）"我想请你帮个大忙。这个周末你能过来帮我准备慈善午餐会吗？我真的需要你的帮助。"

你："请你稍等一下好吗？"

朋友："没问题。"

你：（按下"保持呼叫"，翻看摆在电话旁边的"争取时间的话语"）"嘿，我回来了。我可能有事，会有冲突。我要去查一下。我过几天打电话告诉你。"

朋友："哦，我可等不了几天。你不能现在告诉我吗？我真的需要知道，我是否还能像往常一样依靠你。"

你："我理解你急着要答复。但是，我可能有事会冲突，我必须去查一下，我会尽快回复你——大概就在接下来的几天。"

朋友："即使你只能过来几个小时，也能帮上忙的。这事儿我能指望你，对吧？"

你：（即使你在打电话，也要面带微笑）"我知道你很想让我帮忙。但我可能有事，我需要查一下。一两天内我会给你答复的。我保证。"

你会发现，破录音带技术非常强大。务必要准确地理解并重述你在对方的抗拒中听到的感受。注意不要直接给出答复，也不要回应对方抗拒的话语。然后，立即重复相同的陈述句，以争取做出回复的时间。如果你坚持传达这条简单的信息，对方就不能成功地迫使你做出回应。

练习你想说"不"时应该说的话

争取时间是学会说"不"的关键的第一步。当然，你需要遵守承诺，向要求者给出答复。你将在接下来几天的练习中学习如何做到这一点。现在，重要的是练习争取时间和处理阻力，这样你就可以考虑自己的回应了。

找出两个经常占用你时间、给你带来负担的人。这两个人可以是家庭成员、朋友、工作上的人或组织的代表。编两个生动的例子，假设这些人在向你提出要求。练习通过争取时间、使用破录音带技术，来克服立即服从对方的冲动。

▶ 你的目标是保持坚定的态度，声明你需要一些时间才能答复这个要求。

你自己要清楚你的意图，这样对方也会明白。记住，承认你听到了对方给的压力，但要像坏掉的录音带一样坚持传递你"争取时间"的信息。

为了不重复一句话，你可以选择两句或更多不同的"争取时间的话语"来练习。你可以在朋友或家人的帮助下练习，他们可以扮演占用你时间的人；你也可以自己练习，出声地说出你和对方会说的话。如果你和别人一起练习，可以让他即兴创作剧本，这样就能真正给你施加压力，迫使你在当下做出回应。你角色扮演中的压力抵抗练得越多，在真正有人向你提出要求的时候，你就会越成功，越自信。

第 2 天总结

- 回顾示例剧本，复习用破录音带技术来处理压力和阻力。
- 找出两个占用你时间、你有时想对他们说"不"的人。练习时在心里想着他们。
- 用破录音带技术，承认迫使你立即做出回应的压力，但要记住你要传达的信息：你需要一些时间才能给出答复。
- 如果一开始你觉得有些尴尬或做作，不要担心。对你来说，这些都是新的回应方式，你需要一些时间来练习和适应。你练习得越多，你在真正说那些话的时候，就越胸有成竹。

第3天

还价

既然你已经学会了如何争取时间,接下来你需要学会如何利用你争取来的时间。

明确你的选择

每当有人需要你,或者要求你为他们做事的时候,你已经习惯了只有一种选择——说"好"。事实上,你还有两种选择。

显然,你可以说"不"。这个简单的回答是治愈讨好症的核心。如果这真的是你的选择,你必须学会说"不"。

然而,也会有一些时候,你不确定你想明确地说"不",还是还价或协商妥协。例如,如果一个朋友要求你在一个活动中做四个小时的志愿者,你可能会说,你不能去四个小时,但你可以去一两个小时。

注意，不要太频繁或过多使用第三种选择，否则你就会落入陷阱。你应该把还价的选择保留到你真的不想明确说"不"的情况。你没有直截了当说"不"的原因应该是，你真的很想答应别人的要求——或者，至少你不介意这样做，但你需要根据你的情况和利益来做出调整。

不要把还价作为不说"不"的借口，也不要因为担心你说"不"，对方会生气、受伤或失望而选择还价。在你学习说"不"的时候，你会学习如何处理这些担忧。还价不是必需的。这第三种选择完全只是一种选择。

预测每种选择可能产生的后果

下一步你需要纸和笔。对于他人的每个要求，你都至少要准备两三张纸，这取决于你是否打算还价。

昨天，你找出了两个会占用你时间的人或组织。现在选出一个来，编写一个现实的例子，假设那个人在电话里向你提出了一个具体的要求。

在一张纸的上方写上"如果我答应："，在第二张纸上写"如果我说不："。如果你要还价，就在第三张纸上写"如果我说（你的提议）："。

现在，在每个标题下面，列出赞成每种选择的理由（好处）和反对每种选择的理由（弊端）。在分析利弊的时候，你应该关注每种选择会对你的情绪、身体、经济或其他任何方面造成哪些可以预见的影响。

重要的是，要考虑你的回应会如何影响你，而不是如何影响那个提出要求的人。如果你只考虑对方的需求，你就又回到了取悦他人的老路上了。在这个练习里，你的需求是最重要的。

如果你顺从了对方，那么你在做这件事之前、期间、之后可能会有什么感觉？然后想一想说"不"可能带来的后果。最后，如果你想出了第三种回应方式，就预测一下妥协或协商可能带来的结果。

要打破讨好他人的循环，并不需要你对每一个要求说"不"。相反，你的目的只是做出深思熟虑的、自主的回应。要做出正确的选择，你必须学会全面考虑你的选项，最好在你"争取"来的那段时间里思考。

选择最佳选项

回顾一下你说"好"、说"不"，以及在适当的时候还价的理由。记住，你最重要的目标是学习如何考虑你自己的需求，审慎地回应他人。

由于这项练习的目的是帮助你打破讨好他人的习惯，所以说"好"应该是你的下下之选。这个选择可能是最容易的，因为你对它最熟悉。有句老话说，马儿会逃回着火的谷仓，因为那是它最熟悉的地方。换言之，熟悉并不代表安全。

做一番真正的分析，你可能会发现，你会在某些时候说"好"，或者通过协商达成妥协。只要你是有意识地选择做某事就好。这是因为你想做，而不是因为你不得不同意。

现在，为每个要求选出最佳选项。用红笔圈出你的选项。

第 3 天总结

- 假设有一个会占用你时间的人向你提出了要求，明确自己的各种选择。你应该有两种（也可能是三种）选择：说"好"、说"不"，或者还价、协商妥协。
- 列出每种回应方式的利弊。着重考虑如果你同意了，你会有什么感受，你会花多少时间和精力去完成这件事。
- 小心你为了讨好他人而避免说"不"的倾向。记住，你在学着改掉你下意识的习惯，用更好的选择取而代之。
- 根据你和对方的需求，选择最佳的选项，把对方的需求放在你的需求之后。

第 4 天

帮你说"不"的三明治技术

今天,你要学习不再讨好他人的最重要的技能:如何对别人的要求说"不"。

坚定而直接地回应他人的要求

你可以选择对任何要求说"不",无论你感到的压力有多大。但你必须把你的选择付诸行动。

让我们回顾一下第 1 天举的例子。假设你已经有效地处理了一个要求,并为自己赢得了考虑选项的时间。经过考虑,你决定说"不"。你现在需要重新联系那个提出要求的人(或者与他恢复"实时"对话)。这里有三种简单的回答,能坚定但愉快地表达"不":

1. "我给你打电话是为了回复你前几天的要求（邀请）。我最后发现，我没法做这件事，但我很感谢你能想到我。"
2. "再次感谢你的盛情邀请，但这次我没法接受了。最后我发现我确实有事。"
3. "我打电话是想回复你上周二的请求。事实上，我很抱歉我做不到。但很感谢你能想到我。"

简短地道歉是可以的，但冗长地解释会给你带来麻烦。一旦你开始过多地解释或道歉，你就暴露了自己的弱点，让对方可以加以利用。但不要担心，你仍然知道如何用破录音带技术来抵制压力。

三明治技术。说"不"有一种非常有效的方法，那就是把你的否定回答夹在两句赞美或肯定的话之间。这就为你拒绝要求或邀请提供了一些缓冲。例如：

- "我想回复一下你前两天的盛情邀请（礼貌请求）。很抱歉，这次我不能接受。希望你以后还能想到我。"
- "你是个很好的朋友，但我这次打电话是想告诉你，我不能帮你那天要我帮的忙。如果可以，我会帮忙的，我知道你能理解。"
- "你邀请我和你一起做（为你做）……，我感到非常荣幸。然而，这次我不能答应了。谢谢你能问我。这对我来说意义重大。"

当你使用三明治技术时，要确保你说的每个字都是发自内心的。如果内心不愿意，就不要让对方觉得你希望他下次再来邀请你。如果你说的都是真心话，那么三明治技术就会相当有效。

你只需要决定你想用哪种方式说"不"——简短的陈述句,或者把拒绝夹在两个肯定句中间。说"不"并没有唯一"正确"的方式,很多方法都是有效的。唯一"错误"的方式是,在你不愿意、不同意的时候,把"不"说成"好"。选择用哪种方式,取决于你与对方的关系、你个人的愿意程度,以及当下的特定情况。

先用你在第 1 天学到的台词,然后在你说完"争取时间的话语"、使用破录音带技术之后,再次联系对方,传达"不"的信息。接下来,你应该练习几次出声地说出完整的回答。找到你觉得最舒服的风格。

你的话应该听起来轻松、直接、坚定。不要觉得你在传递坏消息。这对你来说其实是非常积极的消息:你在重新掌控自己的时间。尽量不要抱怨、道歉或做出过度夸张的反应。不要高估你说"不"的影响。对方需要应付这种情况,人们随时都会说"不"。他只能再去问问别人。你不仅有权利,甚至有义务审慎地使用你的时间和精力。

不要觉得对方会生你的气。如果你有这种想法,你给出回答时就会听起来像是在防御。你要觉得对方会接受你的拒绝,并给予你应有的尊重。如果你表现出你对于说"不"感到内疚或担心,你就会给对方一个机会,来操纵你或迫使你服从。

即使你是在打电话,传达信息时也要面带微笑。对着镜子练习一下。如果你微笑,你就不会听起来像是在防御或是有敌意,就好像你在准备吵架一样。

很可能你已经在对方那里赢得了很多"信任"。别人不太可能因为你说"不"而生气。对方可能会感到惊讶或失望,但他会克服这种情绪的。你不是不可或缺的,没有人是。

顶住服从的压力。当然,提出要求的人可能会试图说服你不要说"不"。但你知道该怎么做。再次用上破录音带技术:承认你听到了对方在劝你不要说"不",但不要争辩。试着准确重述对方的感受。然后再说出那句简单的陈述句。这次不需要三明治技术。

下面是一些将各种技术结合在一起的例子。

你:"我想回复你前两天的请求。我确实有事,这次帮不了你了。"

朋友:"真的?我还指望着你呢。你总是能帮我。"

你:"我理解你的失望。但我这次有事,帮不了你了。"

朋友:"你确定吗?我不知道没有你我该怎么办。"

你:"我知道你有点担心,但我确实有事,我这次帮不了你了。我相信你能找到帮手的。"

一定不要卷入讨论。如果你开始反驳,或者帮他弄清没有你该怎么办,你就会失去重要的优势。使用破录音带技术的意义在于承认你所听到的情绪,以及对方试图做的事情。然后简单地重述相同的句子,就像坏掉的录音带一样反复说"不"。

你说的"不"必须明确、不用商量。如果你真想妥协或还价,你就应该在一开始这样做。如果你决定说"不",就要坚持传达这条信息,坚持自己的行动路线。如果你知道你打算做什么,就没有人能说服你放弃你的回答。

写完你的剧本。你现在已经做完一个练习了。你写完的剧本

应该包括以下部分:

1. 对方要求你做某件事。
2. 如果你们在打电话,就让他等一下;如果是面对面交流,就找个理由离开几分钟。这样做的目的是低调地查阅你的"争取时间的话语"清单,并决定暂缓给出最终答复。
3. 你回到对话中,为自己争取时间。
4. 对方不愿接受,试图迫使你立刻给出答复。
5. 你用破录音带技术来回答,并坚守自己的立场。你要坚定而直接地阐述自己的立场,你暂时不能给出答复。(重述对方的抵触情绪和你的回答,练习一两次。)
6. 回电话,或再次与对方见面,答复对方。你要坚定而直接地说不。如果你愿意,可以把"不"夹在两个积极的陈述句之间,以便起到一些缓冲作用。
7. 对方表示拒绝并试图强迫你服从他。
8. 你用破录音带技术回应。重述对方的抵触情绪并做出回应,至少重复两次。
9. 你成功地表达了"不"。
10. 祝贺自己。你能够克服讨好症。

第 4 天总结

- 你已经学会了三个不同的简单句子,这三个句子能表明你不打算满足对方的请求、接受他的邀请,或答应他的要求。
- 如果你喜欢把你的消极回应夹在两个积极的陈述句之间,你可以使用三明治技术。但是,如果你想要表示歉意,或者你真心希望对方下次能再问你,就要务必确保你的话发自肺腑。
- 记住,你应该尽可能多地练习。在面对压力的时候,你重复练习争取时间、说"不"和破录音带技术的次数越多,你就越能自如地运用这些方法。
- 说"不"也没关系。

第 5 天

反三明治技术

今天你要学习如何还价，这是你在答复占用你时间和精力的请求、邀请或其他要求时的第三种选择。仔细检查自己的动机，确保提出的妥协是一个你想要的答复——与最初的请求相比，这是你想要的，或更愿意做的事情。如果你的第一选择是说"不"，就不要借此来避免拒绝对方。

▶ 如果你用还价来避免说"不"，你并没有解决讨好他人的问题。

重要的是，你只能有一个提议。不要与对方讨价还价。对于讨好者来说，这是一个危险的陷阱，你可能很容易地做出下意识的顺从行为。

当你想要还价时

现在,有一位朋友提出了请求。你已经遵循了以下步骤:
1. 如果可能的话,你可以让对方等待,或者找个借口暂时离开。
2. 回到谈话中,争取给出答复的时间。
3. 用破录音带技术来抵制对方的压力。
4. 再次联系对方,给出自己的答复。这一次,你要给出你的提议,提出你想做什么,或者你能做什么,而不是最初对方提出的要求。尽可能简单地陈述你的提议。同样地,不要找很多借口,也不要解释或道歉。

还价是一种有协商的妥协。但是,由于你是新手,对于每个请求,你只能还一次价,要求对方要么接受,要么放弃。这不是一场来回、反复的协商。应该由你来设定条件,要求者要么接受你的还价,要么接受你所说的"不"。这样一来,你就可以掌控沟通的过程。

反三明治技术

你可以使用反三明治技术来还价。这一次,你要把你的肯定信息(你提出的你愿意做的事情)夹在两个否定信息之间。

第一个否定信息要通知对方,你无法按照他所说的,完成或接受最初的要求。但是,好消息(三明治馅儿)是你给出你的提议。三明治顶上的那片面包,是"要么接受,要么放弃"的信息,这不是最后通牒，而是一条简单的信息。如果对方不愿或不能接受你的提议，那么你就只能坚定地说"不"。不要直接或间接地威胁或胁迫对方。要友好而果断。

不要进行任何协商，这很重要。这对你来说是一个崭新的领域。不要让自己陷入反复交涉的境地，因为你以前有取悦他人的习惯，这种习惯可能会占据上风，你会发现自己明明想说别的，却只说了"好"。

当你把三条信息放在一起时，就组成了下面的"反三明治"提议。请注意，这位朋友可能会对反三明治提议产生一些抵触，而你要用熟练而有效的破录音带技术来应对。

你："我回电话是想跟你谈谈你的请求。很遗憾，我不能整天都去帮你。但是，我可以上午来一个小时。如果不行的话，恐怕我就去不了了。"

朋友："天哪。我太失望了。我本来就指望你了。你真的只能拿出一个小时吗？你确定？"

你："我知道你想让我帮你一整天，但我只能上午来一个小时。如果不行的话，我这次就帮不上忙了。"

或者：

你："我回电话是想跟你谈谈你的请求。我不能照你说的做。但我可以……（还价）我希望这样可以，否则我就不能过去了。"

朋友："你真的确定吗？我还指望着你呢。你不知道我有多失望。你不再考虑一下吗？就当是为了我？你以前从没有让我失望过。"

你:"我理解你很失望,但这次我做不到你要求的事情了。我愿意……(还价),我只能做到这个了。"

朋友:"好吧,说实话,如果你做不到(原来的要求),我想我只好找别人了。"

你:"好的。"(注意:此时此刻,你必须闭嘴了。如果你开始发出道歉的声音,你就会失去重要的立场,助长取悦他人的习惯。你的朋友会没事的。他已经开始打算找别人了。说再见,挂断电话。)

演练你还价的剧本。至少要把整个剧本从头到尾出声练习五次。你应该写两种不同的结局:一个结局是你的提议被接受了,另一个结局是你必须说"不"。

同样,在后一种情况下,请确保说话算数。不要服从对方提出的要求:我们知道你可以那样做。你现在正在训练自己,改变你服从的习惯。

如果有人和你一起做角色扮演,就让那个人真的给你一些内疚感和压力,尽力说服你改变想法,答应请求。你抵抗压力的练习越多,你就越能在现实中做到这一点。

演练你说"不"的剧本。练习完还价的剧本(有提议被接受和不被接受的两个结局)之后,再练习几次说"不"的剧本。

不要忘记,在任何剧本里都要在一开始"争取时间",这样你才能充分评估自己的选项,做出明智的选择,充分考虑你的兴趣和需求。

第 5 天总结

- 不要把还价作为避免说"不"的一种方式。
- 使用反三明治技术,将你的提议夹在两条否定信息之间。声明你不能答应对方的要求;提出你的提议;然后表明,如果对方不接受提议,你就不得不说"不"。
- 三明治最上面的那片面包,应该表现为一条信息,而不是最后通牒,或者"不接受就没戏"的真实威胁。你只是在说,这件事(提议)是你能做的;如果对方不接受,那你这次就只能说"不"了。记住,是你在提条件。
- 不要陷入讨价还价。使用破录音带技术,尽量准确地理解与重述朋友的感受,承认他为了说服你所做的努力。记住,不要在具体的事情上进行交涉。简单地反馈你在这件事情上所听到的情绪。然后重申你的信息:要么你只能做到你的提议,要么什么都不做。
- 练习,练习,再练习。你对这些关键技术掌握得越熟练,就越能改掉讨好他人的习惯。

第 6 天

重写讨好他人的 10 条戒律

今天，你要直接处理你讨好他人的认知。

具体来说，就是你要重写第 2 章"讨好的戒律"中所包含的、致命的"应该"。

为了提醒你，下面列出了讨好他人的 10 条戒律。大声地把这些戒律读出来，尽可能用不讲理的、强势的声音读。感受一下这些自我强加的"应该"，以及这些"应该"所附带的内疚与愤怒的沉重负担。

讨好的戒律

1. 我应该始终做到别人想要、期待或需要我做到的事情。
2. 我应该照顾身边的每一个人，不管他们是否要求我的帮助。

3. 我应该始终倾听每个人的问题，并尽我最大的努力去解决这些问题。
4. 我应该始终友善待人，不伤害任何人的感情。
5. 我应该始终把别人放在第一位，先人后己。
6. 我决不应该对任何向我提出需求或要求的人说"不"。
7. 我决不应该以任何方式让任何人失望。
8. 我应该始终保持快乐和乐观，决不应该对他人表现出任何消极情绪。
9. 我应该始终努力取悦他人，让他们高兴。
10. 我应该尽量不让自己的需求或问题成为别人的负担。

你的目标是重写这10个句子，用属于你的想法来纠正每一句话。你应该还记得，正确的想法可能会包括偏好和愿望，但不会包含这种不合理的念头：仅仅因为你的执念，事情就应该是什么样子。

从第1条戒律开始依次修改，直到第10条戒律。用正确的想法取代那些"应该"，重写每一句话。例子如下。

不说："我应该始终做到别人想要、期待或需要我做到的事情。"

要替换为这样的正确想法："如果我想要，或者在我想要的时候，我可以选择去满足那些重要的人的愿望、需求和期望。"

在这个例子里，绝对的要求在几个方面上软化了。这种信念上增加了时间与偏好等条件（如"如果我想要，或者在我想要的时候"）。此外，这句话还包含了关键词"选择"。强调选择能提醒你，事情在你的掌控之中。此外，虽然你可以选择在某些时候满足少数他人的某些需求，但你并没有绝对的义务这样做。最后，请注意这句话中还包含了"重要的人"，进一步限定了条件。

此外，下面还有一种修改第一条戒律的方式，这种方式用了一些否定的话语，来消除苛刻的"应该"。

不说："我应该始终做到别人想要、期待或需要我做到的事情。"

要替换为这样的正确想法："我知道我不必总是去做别人想要、需要或期待我做到的事情。如果我愿意，我可以选择为某些人付出。"

有许多不同的方法能软化、调整和纠正讨好他人的戒律。重要的是，你要认真考虑如何纠正你的思维方式，既让你感到自由，又让你获得疗愈。每一种正确的想法都应该带有你个人的特色。

如果每条戒律乍看下来都像是正确的，也不要犯难。这是很自然的，因为你长期受到讨好症的折磨，这里的许多或所有戒律都会让你感到熟悉，甚至可能让你觉得是正确的，或者至少准确反映了你的旧思维方式。

但是你已经知道，从许多方面来看，这些思维模式都是扭曲的、有缺陷的、不正确的。此外，你现在已经明白，坚守这些规则会让你决心治愈的病症延续下去。

你现在的任务就是消除讨好他人的认知，用更健康、更正确的思维方式取而代之。你的康复取决于打破自我强加的规则，以及具有破坏性的"应该"。

当你改完了 10 条戒律，就出声地读出你改正后的句子。要确保你没有在不经意间把"应该"或"应当"这样的词写进去。检查所有夸张或过度的说法，比如"总是""决不""始终""从不"等，要把这些词都删掉。正确的思维方式是灵活、理性的，而不是绝对的、苛刻的。

当你对自己新写的、改进后的想法感到满意时，就用坚定的声音，大声读出这些改正后的句子。用你最好的字迹，把这 10 种正确的想法抄写在笔记本或白纸上。这张新清单的标题是"康复后的讨好者的新思维模式"。你也可以把这张清单放在一个漂亮的相框里。

将几张这样的清单（无论是手写还是复印）放在家里或办公室的关键位置。你可以在浴室的镜子上放一张，这样你就可以在每天早晚刷牙或洗脸的时候看一遍。你可以放一张在车里，或者在电脑上贴一张。（当然，你也可以把清单上的内容输入到电脑硬盘里，这样你就可以在需要的时候打开看看。）

第 6 天总结

- 大声读出讨好他人的 10 条戒律，用命令、强迫、强势的语气强调"应该"这个词。记住，这些年来，你一直在强迫性地取悦他人，在你内心的自我对话里，"应该"听起来就是这样的。
- 写下一个正确的想法，来取代讨好他人的戒律。
- 回顾你写下的正确想法，确保它们是理性的、灵活的，最重要的是，这些想法应该能让你获得解脱。用陈述句写下你的偏好，加上时间限定，使用温和的语言。尽量使用"选择"这个词来强调你刚刚获得的掌控感。

- 誊写一份干净的手写清单,标题为"康复后的讨好者的新思维模式"。手写的目的是让这份清单真正带上你的个人特色。当然,你也可以把这份清单输入电脑。
- 把这份正确想法的清单复制几份,放在你每天都能看到好几次的地方。注意尽量多地默念或出声复习这些想法。

第 7 天

重写 7 个致命的"应该"

通过学习昨天你写出的正确想法,你已经开始重塑自己的思维方式了。尽量去觉察那些开倒车的自我对话。换句话说,如果你发现自己正在想或说那些"讨好戒律"里的"应该",请立即做以下的事情:

- 把这句带"应该"的话写在便利贴上。圈出这句话,然后画一条斜线,穿过这个圈,就像通用交通标志里的"禁止通行"一样。这个标志告诉你的是:不要讨好他人的"应该"。
- 把这张便利贴贴在电话旁,或者任何你能经常看见的地方。
- 立即复习你的正确想法清单。着重复习最适用于这个"应该"的那个想法。

随着你训练计划的推进，你会发现自己越来越不容易回到过去的思维模式。现在，你要有耐心。你需要时间来改变多年来根深蒂固的思维模式。当你意识到，你在按照过去的讨好他人的规则思考时，不要气馁。

一开始你可能会有许多写着不要"应该"的便利贴。随着你越来越熟悉你的正确想法，随着你用正确想法来替代那些苛刻的"应该"，你家里和办公室里的这些便利贴就会越来越少。

纠正 7 个致命的"应该"

下面是第 2 章的第二个清单——有害的"应该"。用强势、强迫的语气大声读一遍这个清单，强调"应该"这个词，传达理直气壮的权利感。

致命的"应该"

1. 别人应该感谢我，爱我，因为我为他们做了很多事。
2. 别人应该始终喜欢我，认可我，因为我很努力地取悦他们。
3. 别人不应该排斥我或批评我，因为我总是努力不辜负他们的愿望和期望。
4. 别人也应该善待我，关心我，因为我对他们很好。
5. 别人决不应该伤害我，或不公平地对待我，因为我对他们很好。
6. 别人决不应该离开我或抛弃我，因为我让他们很需要我。
7. 别人决不应该生我的气，因为我会尽一切努力避免与他们发生冲突、对他们生气,或者与他人对抗。

现在,从第一个"应该"开始,写出一个正确的想法来替代它,以此代表你作为一个康复的讨好者的新思维。用代表偏好的话语来取代"应该"——你希望发生什么,而不是你要求或一定要发生什么。这是一个重要的改正。

你可以用不止一句话来阐述你的正确想法。你的目标是在你的人际关系中形成7种与讨好症无关的新想法。你的正确想法应该是灵活的、适度的,而不是僵化的、极端的。记得修改夸张的用语和时间框架,比如"始终"或"决不"。

像"应该""应当"和"必须"这样的强制性用语,会让你感到愤怒、委屈和怨恨,尤其是在你对别人寄予厚望的时候。相反,你的正确想法应该包含更灵活、更合理的句子,表达你的偏好或愿望,而不是执拗的要求。

下面是一些正确想法的例子,可以代替7个致命的"应该"。

- 不说:"别人应该感谢我,爱我,因为我为他们做了很多事。"
- 要替换为这样的正确想法:"我希望别人爱我这个人,而不是因为我为他们做了什么。"
- 不说:"别人应该始终喜欢我,认可我,因为我很努力地取悦他们。"
- 要替换为这样的正确想法:"我知道要别人始终喜欢我、认可我是不合理的,甚至是不可能的。我希望我喜欢、尊重的人也能喜欢我、尊重我。但我希望大家喜欢我,是因为我的价值观,因为我善待、尊重他人,而不是因为我很努力地取悦他人。我最需要的是我自己的认可。"

正如第二个例子所示,有些致命的"应该"包含不止一个想法。因此,改正它也需要几句话。在纠正这7个致命的"应该"时,你想用几句话都行。事实上,你的正确想法越完整,你在纠正讨好认知方面取得的进步也就越大。

当你写完了7个正确的想法后,仔细复习这些想法,并删去任何可能残留的讨好他人的有害想法。如果你愿意,可以找一个了解你在做什么的朋友或家人,来检查你的正确想法。

当你写完7个正确想法的时候,再工整、干净地誊写一份,标题为"我对待他人的新行动指南"。请注意,"指南"与"规则"这两个词之间有着很大的区别。前者意味着灵活的建议;后者意味着僵化的自我约束。

可以在浴室的镜子上,在你昨天列出的另一个正确想法清单旁边贴上你对待他人的新行动指南,这样你就可以每天早晚都看一遍。你可以随身携带一份清单,或者把它放在办公室里,这样你就可以在中午或任何你需要的时候再看一遍。

如果你发现自己又陷入了带有致命"应该"的想法,那就再制作一个"不要'应该'!"的标记吧。把这个标记放在电话旁、冰箱上,或者任何其他地方,提醒你把讨好他人的规则清除出你的思想。

第7天总结

- 每当你陷入"应该"式思维时,就用便利贴制作一个小小的标记。这个标记要反映出你的"讨好戒律"或者"致命的'应该'"。
- 用强迫的语气大声读出7个"致命的'应该'",要强调"应该"这个词,以及它所包含的权利感。注意这种想法听起来是多么强势、多么僵化。
- 用灵活、适度、反映偏好与愿望的话语来代替致命的"应该",而不要用强制性的要求。
- 漂漂亮亮地写一份手写副本,标题为"我对待他人的新行动指南"。把其他副本放在重要的位置上。每天至少复习行动指南 3 次。

第8天

自我照料

根据定义，讨好症就是将你自己的需求永远置于别人的需求之后。作为一个康复的讨好者，事情将会有所不同——从现在开始。

▶ **今天你要做的最大的态度调整是：除非你能更好地照顾自己的身体和心理，否则你无法照顾好你生活中最重要的人。**

你上次做一些让自己快乐的事情是什么时候？你还记得自己喜欢做什么快乐的事情吗？如果你像大多数讨好者一样，那么不把时间用于满足别人的需求，而是专门用于让自己感觉更好的经历，对你来说就会像模糊而久远的记忆一样，甚至很难回忆起来。事实上，这种记忆很可能根本就不存在。

在日记本（用任何空白或有横格的日记本都行）的第一页写上："我的快乐活动清单。"

在标题下面写上："我决定照顾我自己的需求，无论是身体需求还是心理需求。这样我就会快乐起来，也能够更好地照顾我生命中最重要的人。"

接下来，在日志中至少列出 20 项你觉得（或者你认为自己会觉得）愉悦的活动。留出几页的空间，以便你为这个清单增添内容。这些活动在所需的时间与准备方面，应该有很大的不同。有些愉快的活动可能只需要几分钟就能完成，所需的准备时间甚至更少；而另一些活动可能需要几个小时，甚至几天的时间才能完成，需要大量准备时间。

比如，到户外赏月、观星，呼吸夜晚清新的空气，这些都是随性的行为，可以在一两分钟内完成。在读晨报的时候，留出几分钟时间来看漫画、做填字游戏，不需要做任何准备。在点着香薰蜡烛的浴室里洗泡泡浴可能需要 30~45 分钟的时间，但除了买蜡烛和浴盐之外，几乎不需要什么准备时间。

另一种极端情况是，花一整天时间在水疗中心，让别人照顾你的需求。这需要更多的时间与准备，比如为照顾孩子、找人替你分担其他责任等细节方面做好时间安排。周末度假需要更多的时间与准备。

列出这个清单的目的，是制订一个专属于你的活动清单，供你选择。每当你想到或听到一些听起来有趣、愉快、有意思、放松、令人兴奋或愉悦身心的事情时，就应该将其添加到清单里。

这个清单既可以包括简单的快乐，也可以涵盖奢侈的放纵，这取决于你的喜好和预算。你没必要独自做这些事情。你当然可以与他人一起分享这些愉快的经历。确实，有些你喜欢的活动需要别人的参与。

关键是由你做出最主要的选择。这些活动是为了让你快乐，如果其他人能参与其中，并从中获得乐趣，那也很好。只要确保你没有把别人的需求放在第一位，也没有重拾讨好别人的旧习惯就好。

每天做两件愉快的事

看一看你的快乐活动清单。选择两项活动，今天就去做。不要找任何借口。如果你在清单上找不出两件能在今天做的、简短随性的活动，那就想出两件适合今天做的事情。

从今天开始，你每天都要从行动计划中的其余活动里选择两件愉快的事情。虽然你可能会重复做一些事情，但你能从多样化的活动中获得更多益处。当你发现或想到其他享受乐趣的方式，就将其添加到你的列表里。

在完成 21 天行动计划之后，你要继续每天做一些让自己愉快的事情，因为你现在知道，你的健康、心态平和与快乐和其他人的一样重要——甚至可能更重要！

你可能已经注意到，"令人愉快"（pleasurable）和"取悦"（please）这两个词的词根是一样的。通过每天思考、计划和参与令人愉快的活动，你就能履行"取悦"自己的新承诺。这样一来，你就能认识到，自己的需求是真实、合理的，你也不会再心甘情愿地让自己的需求让位于他人了。

第 8 天总结

- 写下你的承诺：照顾好自己的身心需求，这样你就能更好地照顾你生命中最重要的人。
- 在日记本里列出一个快乐活动清单。你的清单至少应该包含 20 项活动，这些活动在所需的时间与准备方面应该有很大的不同。经常为你的清单添加新内容。
- 选择两项愉快的活动，今天就去做。
- 每天做两件愉快的活动。你可以按照自己的意愿重复做相同的活动，不过换换花样能够让你受益。

第 9 天
说服自己摆脱认可成瘾

今天,你要对付另一组有害的想法,这种想法是讨好综合征的核心:认可成瘾。

实际上,你的人格有两个方面——旧的讨好者,以及新的、康复的讨好者。这两个方面会在一组根深蒂固的信念上相互争斗。

当然,讨好者认为,为了觉得自己有价值,就必须获得几乎所有人的认可。为了获得这种普遍的认可,讨好者会不断地试图做任何事情去取悦他人,让他人开心。

康复的讨好者会意识到,要获得所有人的认可是根本不可能的。他们知道,最重要、唯一真正必要的认可是自己的认可。

让这两方面人格发出自己的声音,你可以好好审视一下你内心的自我对话。这样一来,你就能更好地"听见"双方的观点,客观地评价他们各自的有道理的地方。通过写下并说出认可成瘾背后的信念，能极大地帮助你克服旧的、有缺陷的思维方式。

当有人不喜欢你时

这项练习的第一步，需要你找出生活中你认为可能不喜欢、不认可你的人。这个人可能是现在或过去一直批评你、排斥你的人。你可能缺乏确凿的证据。重要的是，你怀疑或感觉到这个人不喜欢你。把这个人的名字写在一张纸上。

接下来，用讨好者的语气或有害思维模式写下一两段话。记住，因为讨好思维建立在一种非理性的、无法实现的、想要所有人喜欢你、接纳你的需求之上，所以这种想法是极端的、僵化的、不合逻辑。讨好者沉迷于获得每个人的认可。

当你用讨好者的方式思考、写作和说话时，你对认可的成瘾会让你产生深深的自卑感、被排斥感，以及丧失自尊心的感觉。这种反应是有缺陷的、错误的、对认可成瘾的思维模式的直接后果。

当你用讨好者的口气写完你的话时，大声读出你写的内容。尽可能坚定地说出这些想法。试着去感受这种想法对你的影响。

接下来，用1～10分的范围来评估，你选出的这个人不喜欢你、不认可你给你造成了多大的困扰或伤害。这个范围的意义是，"1"分代表"完全没有受伤"，"10"分代表"非常难过、极度受伤"。

现在，来到康复的讨好者的视角，用他的语气写几段话。培养正确的思维模式，改变对认可成瘾的讨好者的思维方式。你的目标是用理性的、合乎逻辑的观点来对抗讨好者的思维模式和有害想法。

设想你的一个讨好者朋友在对你诉说，他对一个不喜欢他的人的各种感受。想一想你会如何回应，这样可能会有所帮助。这样会允许你使用你最大的优势——高度发达的照顾他人感受的能力，来克服和纠正你最大的弱点：一种过度的、无法满足的需求——需要他人的接纳与认可。这是讨好症认知的核心。

康复的讨好者的声音代表了正确的思维模式。记住，你应该打击的是对认可的成瘾——而不是你自己。当你对讨好思维提出反驳意见时，要尽量善待和支持自己，就像你对待一个因为他人的否定而心烦意乱的朋友一样。

确保你的日志反映了你作为一个前认可成瘾者的正确思维。虽然你可能仍然喜欢得到别人的认可与积极关注，但你不需要每个人的认可，也能感到自己是有价值的。

这里有一些可以帮助你的提示：

- 让每个人都喜欢你、认可你是不可能的。不要尝试。
- 为他人奉献，从而"收买"他们的认可和喜爱，这实际上是一种操纵。为他人付出的更好的理由，应该是爱、喜欢和重视他人的陪伴与友谊。
- 得到他人的认可也许是很好的，但这并不是证明自我价值的绝对必要的条件。
- 有些人可能因为他们自己的偏见、成见或情绪问题而不喜欢你、否定你。那不是你的问题。
- 最重要的是获得你自己的认可。

当你写完康复的讨好者的回应后,出声地读出你写的内容。要带着真正的信念说这些话。

在读了两三遍康复的讨好者的回应后,重新评估一下,这个人的不喜欢给你造成了多大的困扰。再用 1~10 分的范围评估一下你的答案。

你大概已经注意到,由于你的思维模式得到了纠正,你的消极情绪大大减弱了。

认可自己

最重要的一种认可,就是你自己的认可。作为一个康复的讨好者,把自我认可作为奖励和激励自己的方式,也是一项关键的技能。

一般来说,虽然我们会奖励孩子和宠物的良好行为,但我们往往不会奖励其他成年人和我们自己的理想行为。

你应该还记得,讨好者很少对自己感到满意。他们之所以会如此缺乏自尊,在一定程度上是因为他们会用无法达到的、完美主义的标准来评价自己的行为。现在,作为一个康复的讨好者,你认识到了用正强化来维持自身积极性的重要性。你知道,认可自己是一种强有力的奖励。

今天晚上,在你睡觉之前,多花几分钟写完一个或多个句子:

1. 今天,我对自己感觉很好,因为我做了……
2. 今天,我很认可我……
3. 今天,我为自己感到骄傲,因为……

在补全句子时要尽可能具体。此外，还要诚实、准确。自我欺骗或空洞的自我肯定毫无意义。既然你正在迅速地改变自己的讨好症，那么你做的许多事情，你付出的许多努力都是值得称赞的。

第 9 天总结

- 找出一个你认为不喜欢你、不认可你的人。按照你之前的讨好思维模式写几段话。出声地读出这些有害的想法。然后给你因为这个人不喜欢你而感到困扰的程度打分，最高为 10 分。
- 然后，按照正确的思维模式写几段话，纠正认可成瘾。重新评估你的感受。注意当你不再需要获得每个人的认可时，你的感受有多少改善。
- 学会认可自己。今晚和以后每天晚上睡觉前，在日记本中写完一个认可自己的句子（见上文）。用认可来奖励自己，因为你为了治愈讨好症做出了许多改变。

第 10 天

做还是不做，这是一个问题

今天，你要开始学习有效委托他人做事的技巧。

既然你已经意识到，你作为一个人的自尊和价值并不取决于你为别人做了多少事，你就可以通过委托他人帮你做一些事情，来减轻你的压力，为自己腾出更多的时间。

你委托别人做事的目的，不是给别人增添负担，也不是剥削他人。相反，这样做是为了纠正你人际关系之中的不平衡——你为他人做了多少事，与你允许他人为你做多少事之间是不平衡的。随着时间的推移，这种不平衡给你带来了沉重的负担。这种负担过重的压力，对你的身心健康构成了真实的威胁。

▶ 因此，可以毫不夸张地说，你将学到的委托技巧是你真正的救星。

选择委托的任务

盘点任务。为了有效地委托他人做事，你首先需要确定有哪些任务、家务或项目是你想交给别人的。想想你在过去的一个月里的时间都花在了哪儿。看看你的日历、预约本、每日事项本或任何能够帮你回忆的工具。如果上个月你在度假，就把时间范围延伸到上上个月。这样做的目的是，找出能代表你日常生活的一段时间。

列出在过去一个月的时间里，你所做的所有任务、项目、工作和家务。一定要把你日常或定期做的所有事情包括在内。你不需要重复记录你经常做的事情，只需要在括号里注明重复的事项即可。例如，你可以列出"铺床（每天）"和"换床单（每周一次）"。

你应该把本月和下个月预计要做的额外的工作、项目、家务或任务都添加到你的清单里。你也可以把你想完成，但由于没有时间自己去做而一直拖延至今的工作、项目或家务写进去。

把清单写得尽可能全面，并且给每件事编上号。此时不要以任何原因限制自己列出清单，也不必考虑如何委托他人。只要写下你通常要做、预计要做，或者希望完成的事情。

你的清单应该包括与工作、家庭生活，以及社交、育儿、社区有关的事情，或者其他占用你时间的活动。你的清单应该包括强制性的家务或任务，以及自愿的、愉快的活动。

你还应该把你只为自己做的事，以及你为别人做的事包括在内。因为你是一个刚刚康复的讨好者，你列出的为别人做的家务、帮助和其他任务，预计会比你为自己做的事情多得多。

总的来说，你列出的清单里应该包括你目前自己要做的所有日常家务、工作和任务，以及你预计或希望在未来 30 天左右完成的其他任务。

你最终的目标是，通过委托他人做一些让你力不能及的事情，大大减轻你的负担。你还应该稍微调整一下自己的重心，少做一些不那么必要的家务，多做一些愉快的事情。记住，你是一个有着内在价值的人，你的价值远不止是你为别人做过的那些事情。

首先，你要从清单上选出至少 10% 的家务（工作）委托给别人。例如，如果你的清单上有 30 件事，那你至少要把其中 3 件委托给别人；如果你清单上有 50 件特定事项，你至少要派出去 5 件。

当然，你可能选择把超过 10% 的家务或工作委托给别人。随着你不断地康复，你会通过对更多的请求说"不"，为你愿意付出的时间和资源设置合理的、保护性的界限，从而更有效地减轻你的负担。而且，因为你要照顾好自己，所以你就必须为愉快的活动和自我满足保留足够的时间和精力。在你康复的过程中，你会继续把更多的家务和其他事务委托给别人。

检查你的清单，数一数总共有多少事情。确定你要委托出去多少事情——至少应该是总数的 10%。为了选出这些事情，要把每一件事都考虑一番，一件一件地考虑。

对于清单上的每项家务或工作，都要问问自己这个关键问题：我真的有必要自己做这件事吗？

这个问题就是试金石。如果经过仔细考虑，你决定你必须做某件特定的家务（这件事不能也不应该由其他人来做），那这件事就绝对属于"不应委托"的范畴。

如果你唯一的理由是，不能立即想到可以把这件事委托给谁，那就不要把这件事归入"必须自己做"的范畴。假设你找到了合适的委托人选。进一步假设你委托的人可以接受培训或指导，从而很好地完成这项任务。

有了这些注意事项，再圈出能让你对上面的关键问题回答"否"的项目。这些圈出的项目代表了可能需要委托给别人的家务或工作。换句话说，唯一不考虑委托给其他人的事情，是那些你认为必须由你——只能由你来做的事情。

接下来，着重看一下你圈出来的项目——那些可以委托出去的事情。对于每一个这样的项目，都要问自己下面两个筛选问题：

- 我喜欢自己做这件事吗？
- 我是否能从中获得一些重要的价值、意义或使命感？

对于任意一件事，如果你上面的一个或两个问题回答了"是"，那就在圈出项目上打个叉。叉掉的项目现在应该归为"不委托"那一类。你的清单上应该还有一些被圈出的、没有打叉的项目。这些圈出来的项目代表你可以选择委托的事情。

如果其余圈出的项目不足你所有工作和家务的 10%，你可能把太多的事情归为你必须自己做的了。当然，这种认知偏差是讨好症的一个核心方面，需要予以纠正。

因此，你要重新审视你对那个重要问题的答案：你真的有必要亲自完成每一项任务或家务吗？仅仅因为你一直在做一件特定的事情，并不意味着只能由你一个人继续做这件事。

如果你唯一的理由是对于委托别人做事感到紧张或不舒服，那么你对上面那个关键问题就不应该答"是"。几乎每个讨好者都对委托他人做事感到紧张不安（直到康复为止）。这是综合征的一部分。但是，你明天会学习有效委托的必要技能。今天，你的目标只是选择要委托的任务。

再检查一下你对上文的两个筛选问题的回答。根据你的判断标准，你只应该把下面这些任务归为"不委托"的类别：

- 绝对必须由你来做的家务或工作，没有其他人能做或应该做这些事；
- 你真正喜欢自己做的家务或工作；
- 你能从中获得重要价值，或目的感、意义感的家务或工作。

如果你发现这些标准适用于清单里90%以上的家务或工作，那么要么是因为你的清单并不全面，要么是因为你在分析一件事是否必须由你自己做的时候，犯了太多讨好他人的错误。

▶ **为了治愈讨好症，你必须下定决心，至少把你现在做的家务、工作、任务或项目中的10%委托给别人。不要找借口。**

为需要委托的工作排序。拿出一张新的纸，根据下面这个简单的规则，为你可能要委托给他人的家务和工作排序：在你的原始清单上的那些依然画圈的项目里，选择一项你最不喜欢做的工作或家务。这件事就是你新清单里的第一项。

根据你不喜欢的程度，对所有圈出的项目排序；第一项应该是你最不喜欢的工作或家务，第二项应该是你第二不喜欢的，依此类推，直到你为所有可能委托出去的事情排完序为止。

算出原清单里的 10% 有多少事项，这些就是你要委托给别人做的工作数量。在排序前 10% 的事项下方画一条粗线。

第 10 天总结

- 列出你经常要做的家务、工作、任务或项目。用过去的一个月（或者有代表性的一个月）代表你的日常生活。把你在下个月预计要做、希望完成或还没来得及自己去做的工作、家务或项目都写进这个清单。
- 用一个关键问题和两个筛选问题来审视清单上的每个事项。判断哪些项目不能委托，以及哪些项目可以委托。假设你能找到一个可以委托的人，这个人也可以接受指导，有能力完成任务。
- 根据你不喜欢做的程度，将可以委托的工作排序。你应该列出一个最终的委托清单，其中至少要包含你原始清单里 10% 的工作和家务。
- 在排序列表的前 10% 的事项下面画一条粗线。

第 11 天

点兵点将，就是你啦

今天你要继续学习委托的技巧。把任务委托给别人（而不是为了取悦他人而做太多的事），是你恢复健康的重要一步。因为你过去很少委托别人，你不得不按照今天的剧本练习，培养你的能力与信心。

你昨天已经列出了需要交给别人做的工作，那么现在你要把这些事情交给谁呢？

委托人选

在考虑委托人选时，不要担心他们是否知道如何做这些家务或工作。你只须假设，如果有必要，你会提供培训、指导和（或）监督。

然而，在寻找委托人选的时候，你务必要采取富有创意而灵活的态度。当你在减少自己的工作量时，可能会遇到一些小小的障碍。但是，只要你坚持委托的决心，就一定能找到方法。

唯一不能接受的态度是，认为你没有人可以委托。在昨天的筛选过程中，你已经排除了那些你认为必须有自己参与的事情。因此，对于你选择委托的任务而言，你都是可以替代的。

如果你决心打破讨好他人的循环，你还必须下定决心，把你手头 10% 的任务委托给别人。如果你保持坚定的立场，就能找到解决委托人选问题的方法。

例如，你可能决定雇用一些人，把家务或其他工作委派给他们。做一做雇人的成本效益分析是有帮助的。与此同时，一定要考虑减轻压力、改善健康、提高生活质量的价值，这些都是你在委托他人解放出来的时间中获得的价值。

如果你有工资或其他收入，就比较一下自己做这些家务（根据你当前的市场价值）与雇人来做的相对成本。例如，我以前有一名患者是收费高昂的律师。根据市场价值估算，这位女士意识到，自己做家务每小时要花费 250 美元，于是她终于允许自己雇用一名保洁人员。

另一个有创造性的解决方案是，利用朋友们的时间和精力。例如，我的另一位患者联系了一群家长，组织了一个接孩子放学的拼车群。她建议这个群体也共同分担他们的杂务。现在，每个工作日，拼车司机会再多花上一个（最多两个）小时，为其他人跑腿。在为拼车群的家长接孩子的同时，这位司机也会去取回大家的干洗衣物、商品或药物。通过这种方法，每个人每周只会花一天时间跑腿，而其他四天的杂务则会委托给其他司机。

当然，最有可能找到的委托人选，就是你自己的家人或密友。毕竟，你为你最亲近的人付出得最多。现在是时候恢复你们关系的平衡，让他们也为你做一些事情了。

记住，真正爱你、关心你的人是会支持你的。如前所述：在健康的关系里，人们需要你，是因为他们爱你；他们爱你，不是因为他们需要你。

如果你的家人和朋友真正关心你，他们就不希望从你的疲惫、压力和不快乐中获利。你为别人做得多，而别人为你做得少——任由这种严重的不平衡持续下去，你就是在默许他人对自己的剥削。这样一来，你不仅伤害了自己，也在不经意间把你爱的人变成了虐待你的人。

将目标事项分配给他人。拿出你家务、任务、工作或项目清单中的10%。这就是你的委托清单。

在你委托清单上的每一项旁边，注明你要委托对象的名字。根据你的需要，你可以让同一个人负责多项工作，也可以让几个人负责每一项工作。

在仔细而富有创意地搜索之后，如果你还是找不到一个可以委托某项任务的人，那么你可以用原始清单里的另一项任务来替换这项任务。换句话说，如果你需要从你的委托清单里拿出一项任务，你就必须用另一件事来代替，以维持10%的标准。

编写委托剧本

对于每项任务，你都要准备一个委托剧本。写出你要说的话。为了方便练习和预演，请写下对方可能会有的反应。

有效的委托剧本具有一些简单的基本元素。但是，你在委托他人时的说话态度是至关重要的。换句话说，你委托他人的方式与你说的内容一样重要。

▶ **你必须自信而坚定，表现得自如、自在。至关重要的是，你委托他人，并不要征求他的许可。**

你也不必为了求助或委派任务而道歉，不过你可以明确表示你很感激。然而，赞扬的恰当时机是工作完成之后。

以下是有效委托的6个步骤：

1. 就委托给他人的任务，说明你的指示。你的指示应该尽可能具体；尤其是当你在第一次委托某项任务时，要给予建议。
2. 说明完成任务的时间范围（截止日期）。
3. 确认对方明白指示。
4. 给对方提问的机会；清晰而有礼貌地回答每一个问题。
5. 用破录音带技术来应对阻力：承认对方的抵触，说出你听到的情绪；然后重申你的指示和时间范围。
6. 在任务完成之前表达感激之情，在任务完成之后要表示赞扬和说"谢谢"。

下面是一个委托剧本的示例，这个剧本写的是一个康复的讨好者要把去超市的任务委托给她青春期的女儿。这位康复的讨好者希望女儿按照清单购物，并且打开包装，把食材放好，为晚餐做好准备。

> 康复的讨好者："亲爱的，我需要你去超市买点儿东西。这是购物清单，还有一些现金。让商家帮你挑选

水果或蔬菜。如果你有任何问题，或者找不到东西，一定要让超市的工作人员来帮你。他们很友善，也很乐于帮助你。

"如果你有事需要打电话给我，我就在家里。请在5点之前把食材带回家，放好，这样我就有时间做晚饭了。你都听明白了吗？"

女儿：（看着清单）"好吧。我能买些零食吗？"

康复的讨好者："当然可以，可以买几样。不过不要买超过三包零食。好吗？你看明白清单了吗？还有问题吗？"

女儿："我现在就得去吗？我想去苏茜家待一会儿，做会儿作业。我能不能今晚吃完晚饭后去，或者明天再去？"

康复的讨好者："我知道你的计划被打乱了，这让你有些烦恼。但我今天的确需要这些食材，你要5点回家并拆包。如果你在5点前做完了所有事情，你就可以去苏茜家待一个小时左右，但只能去做作业。我计划7点吃晚饭，所以你得在6点45分前回家。好吗？"

女儿："你确定你真的想让我去买水果什么的吗？我不太擅长挑农产品。也许你应该去超市，去买你想要的水果和蔬菜。"

康复的讨好者："我知道你没什么经验，但商家会很愿意帮你挑的。如果你注意听他解释，你就会像我一样学会挑水果和蔬菜。只要买好清单上的东西，再买一些零食，记住我需要你在5点前把所有东西拆封并放好。还有别的问题吗？"

女儿："没有了，应该没了。"

康复的讨好者："非常感谢，宝贝。5点前见。"

你应该为要委托的每项任务都写一个委托剧本。剧本写得简短一些。如果你发现自己解释过多，或者在重复自己的话（不是在用破录音带技术），那你就没做对，这样会损害你的委托说辞的可信度与权威性。

▶ **有效的委托是直接、简短、直截了当的。**

大声练习你的委托指导语，至少3次。密切注意你的语气和语调的变化。确保你没有歉意或内疚的暗示。

如果对方感觉到你在给出指示的时候有一些犹豫，他可能就会受到"鼓励"，去操纵你、抵制你委托任务的努力。但是，即使对方尝试抵制，你也知道如何用破录音带技术坚持立场。

调整你对委托的态度

当你把一些新的责任委托给家人和其他人的时候，他们在一开始可能会有些犹豫。但是，不要接受他们以无助作为借口。即便是小孩子也能在指导和监督下帮忙做日常家务。

无论别人对你的委托指示有什么反对和抵制，你都不能屈服，不能回到你过去那种自我挫败、讨好他人的习惯中去。不要让自己被被动攻击的借口所控制，比如"我忘了你让我做的那件事"，也不要被拖延的企图所控制，比如"我以后再做"。

▶ **放松你的强迫倾向和完美主义倾向。**

例如,毛巾或内衣的折叠方式与你习惯的不同,这并不重要;重要的是,别人在洗衣服,而不是你在洗。

你必须坚决抵制其他花招,不管这些花招的伪装多么讨喜。对于"你能再教我做一次吗?你比我做得好太多了,你确定你直接做不会更好吗?"你应该表示理解,并答道:"不。你做得很好。重要的是你来做,我真的很感谢你的帮助。"

要有耐心,不要急于把家务拿回来自己做。从短期来看,尽管与教别人做或容忍他们的错误比起来,你自己做这些事可能看上去更容易,或者更有效率,但从长远来看,你会破坏你委托的努力,让你自己吃亏。

如果你说话不算数,收回了你委托的任务,从长远来看,你将是最大的输家。或者,如果你监督过多,最终向别人示范"正确"的做事方式,你只会适得其反。

最后要记住,不要犯这样的错误:不要用你委托别人做事解放出来的时间,去做更多的家务,帮别人更多的忙。只有当你把赢回的时间和精力用来更好地照顾自己时,学会委托别人做事才会有助于你的康复。

你可能很难相信这一点,而且会觉得这件事很矛盾:允许自己每天花 20 分钟,除了休息和放松什么都不做,可能是你多年来花得最值的时间!

记住,即使你醒着的每一刻都在为别人做事,你依然会觉得自己做得不够多,无法真正感到满足。这是因为取悦他人确实是个无底洞。

但是，你可以给予自己一份自我认可的礼物，花时间来照顾好自己。不要担心你会变成一个自私的人。你不自私，也不会有人会这么想你。此外，你无疑为别人做了很多事情。照顾好自己的需求只是一种很好的保障措施，让你在选择为你关心的人、爱的人做事时，能够更加健康快乐。

第 11 天总结

- 选定委托的人选。要灵活、有创意。如果你愿意委托别人做事，你就能找到需要的人选。
- 把人选的名字或身份写在你委托清单上那 10% 的事项旁边。
- 用有效委托的 6 个步骤写一个剧本。尽量简短，切中要害。不要问对方你能否委托他；要礼貌而坚定地表示，你在要他为你做某件事。表达感激之情，但要抵制住操控，不要回到讨好他人的习惯里，不要自己做那件事。
- 大声练习你的剧本。不要表现出歉意或内疚与不自在的样子。

第12天

不够好也没关系

今天,你将开始改变自我概念中的一个核心的、有问题的词:好。

现实情况是,你可能还没有完全相信,不能做到随时对所有人都好也是没关系的。这种理念可能看起来仍然有些吓人,因为你认同好这种特质已经太久了。

▶ **在一定程度上,你的康复取决于你是否接受这样一个事实:不够好真的没关系。**

事实上,你现在已经知道,由于"好"成了你自我概念的核心,你已经付出了非常高昂的代价。

既然你新的、改进了的自我概念不会围绕着"好"这个词,你需要找到一个新的词来描述你自己。今天就是你的机会,去找一些更有趣、更好的词来取代"好"——一个软弱、空洞的词。

你现在需要的只是朋友的一点帮助。

这个练习的目的是,弄清当你明确地放弃"好"这个词时,别人是如何看待你的——以及你是如何看待自己的。你收集的信息将为你构建新的自我概念提供有用的基石。

通过用新的、不同的词语来看待自己(不包括"好"),你将在康复的道路上大步前进。而且,通过让亲近的人描述你的人格(不用"好"这个词),你也在潜移默化地鼓励他们用新的方式看待你。

抛开"好"这个词,你是什么样的

从他人那里收集信息。在一张单独的纸上(不是你的日记本)列出5个人的名字,从你自己的名字开始。这份名单应该包括你认为在情感上与你最亲近的4个人。你需要尽快与他们交流,所以要确保这4个人至少能用电话联系上。

然后,列出10个你认为能够准确描述你的词——不要用"好"这个词。当然,由于你只做了不到两周的康复训练,你列出的词语仍然会反映出你以前的一些自我概念。但是,通过刻意排除,这些词里至少不会包含"好"。

写完这10个词之后,就联系你名单上的一个人。给他读下面的几句话,要求他用10个词来描述他对你的看法,但不允许用"好"这个词。

你应该这样说:"我正在努力改变我讨好他人的习惯。为了帮助我康复，我需要你说出10个你认为能准确描述我人格的词。你可以用任何你想用的词，只有一个例外。你不能用'好'这个词。"

把对方说的10个词写在纸上，前面写上这样一句话：

> ▶ 在（人名）看来，这10个词（不包括"好"）准确地描述了我的人格。

以同样的方式从另外3个人那里各收集10个词。做完这些之后，你就会得到50个词（尽管可能会有一些重复）。这些词描述了你对自己的看法，以及4个与你最亲近的人对你人格的看法。这份列表提供了丰富的描述性词语，你可以借此来构建新的、更好的自我概念。

记住，这4个人都知道你一直是个讨好者。他们很有可能是你付出的受益者。因此，他们的用词会反映出他们的倾向：他们会把你视作一个讨好者。

仔细考虑他们对你的描述，并思考一下，作为一个不再有讨好症的人，你会在你的新自我概念中保留哪些词。

还要注意，今天你最重要的成就之一，就是通知这四个人，你正在从讨好症中恢复过来。既然你打算履行康复的承诺，这份通知会提醒你最亲近的人，他们与你的关系也会发生改变。你不会再把他们的需求看得比你自己的更重要。

你很可能会发现，没有人（包括你在内）会因为你不允许用"好"这个词，而感到很难找到描述你的词。事实上，如果"好"在你的自我概念或别人对你的看法中如此重要，那么列出一个不包含"好"的清单会非常困难。

打造理想的自我概念

问问你自己：既然我已经康复了，我该如何看待自己？这一次，你可以在日记本里写下 10 个词语或描述性短语，在前面写上这句话："作为一个康复的讨好者，这是我理想中的自我概念。"

如果之前的词语符合你理想中的自我概念，你可以从你的原始列表和其他人的列表中选择出现过的词语。但是，你不一定要列出之前出现过的任何词语。选择权在你，只有一个词是例外。你应该再次从你的理想自我描述中删除"好"这个词。这份最后的清单代表了你在康复过程中要努力获得的行为、思维和感受方式。

"假装"疗法

从今天开始，你要表现得像你的理想自我概念清单上描述的那个人。用你为理想自我概念选择的 10 个词或短语来指导你的行为、思维与感受。

假装你是理想的自己，并不需要你做任何夸张的事情，也不需要你花费额外的时间。只需要你采用这种假装的思维模式。你可以从今天开始，在一天中某一时段采用这种思维模式——早上、下午或晚上。在接下来的每一天里，逐渐增加你采用"假装"思维模式的时间。很快，做理想的自己就会变成你的第二天性。

▶ 你的理想自我概念越接近你的实际行为方式，你的自尊获得的益处就越大。增强自尊的最直接的方式，就是表现得像你理想中的自己一样。

要表现得像理想中的自己，并不意味着你要撒谎，或者用任何方式伪装自己。相反，这些应该是你努力成为的"最好自己"所具有的人格特质或性格特征。

按照你的理想自我概念来行动，是为了确定一个自我改善的理想目标，这个目标是完全可以实现的。

第 12 天总结

- 为"我是谁"这个问题列出 10 个答案，不要用"好"这个词。
- 从你最亲近的 4 个人那里各收集 10 个描述你人格的词，不要"好"这个词。
- 请注意，你要告诉这 4 个人，你正在努力改掉讨好他人的习惯。
- 将这些清单作为关于你自己、你的人际关系的有用反馈。把重点放在接纳这一事实上：不够好也没关系。
- 列出一个包含 10 个词或描述性短语的清单。这些词或短语不包含"好"这个词，它们组成了你作为康复的讨好者的理想自我概念。
- 在今天的一段时间里，表现得你就像是你理想中的自己一样，在以后的每一天里，逐渐增加假装的时间。

第 13 天

愤怒量表

今天你要开始培养管理愤怒与冲突的技能。因为你曾把讨好他人作为避免愤怒与冲突的方式,所以你在处理自身与他人的愤怒方面有着严重的缺陷。现在,你将学习如何安全、适当地体验与表达愤怒,而不失去对自己的控制。

制作专属于你的愤怒量表

首先,你要制作一个专属于你的愤怒量表。当你意识到某件事或某个人在困扰你的时候,你就要用这个量表来评估自己的愤怒水平。

愤怒评分量表是一种很有效的控制情绪的方法。分析你的情绪,给情绪评分,能让你从客观的视角来看待自己的情绪,这样会立刻在你的情绪与行为冲动之间拉开一些距离。

此外,通过用量表来评估自己的愤怒,你也能让理性的大脑处于主导地位。一旦你的思维(而非暴躁的情绪)开始掌控局面,你就能有效管理和控制自己的愤怒。

▶ **管理愤怒的挑战在于,设法来阻止愤怒不断升级,变得无法控制。**

愤怒管理应该始于"水温"开始升高的时候,而不能等到热水即将沸腾的时候。

要制作你的愤怒量表,请在一张标准尺寸的纸左边画一条垂直的直线,距左侧边缘约 1 英寸[一]。用整张纸的长度来画线。

把这条线分为两半;在线的底端标上"0",中点标上"50",顶端标上"100"。然后用稍微小一些的刻度标出 10、20、30 等位置,一直标到量表的顶部。

在"0"旁边写上"平静/一点儿也不生气"。现在,你要为每个 10 分的跨度命名。你需要 10 个词,从低到高排序,代表你愤怒强度的增加。

下面有一些词语,没有特别的顺序,这些词可以用于描述不同等级的愤怒。你可以从下面的列表中选择你的词语,也可以使用你自己的词语或短语。

你会注意到,"愤怒"这个词只在下面的列表里出现了一次。你可以用"愤怒"来定义任何等级的愤怒,但你只能用一次这个词。

[一] 1 英寸 = 2.54 厘米。

个人愤怒量表中可用的词语示例

勃然大怒	烦恼	失望
难过	气恼	烦躁
怨恨	怒火直冒	沮丧
恼火	气得冒烟	火冒三丈
愤怒	发火	暴怒
不耐烦	怒气冲冲	怒不可遏
苦恼	气急败坏	愤恨
心烦	不悦	不满
狂怒	冒火	讨厌
震怒	激愤	不安
抗拒	恼火透了	气呼呼
易怒	气炸了	激怒
生气	恶狠狠	怨毒

为愤怒打分。现在你有了专属于你的愤怒量表,也有了10个与你的情绪能对上号的参考点。现在,你需要评估一些愤怒的事件,以便真正熟练运用此量表。

你需要在记忆中搜索一下。如果你从没有真正向别人表达过愤怒,那也没关系。你现在的目标是回忆一些让你的愤怒水平高于0的事件。

下面有一些问题,能够唤醒你对过去事件的记忆,你在当时可能感受到了一些愤怒。你会注意到,每个问题中都用到了"某种程度的愤怒"这种说法。这个说法能够宽泛地指代愤怒量表上的任何情绪。试着从你的记忆中回想适用于每个问题的事例。当然，如果某个问题不适合你，那就跳过去，看下一个问题。

在给每个事件评分之后，用一些具有辨识性的词（如"1992年与父亲吵架""因电脑备份问题与同事发生争执"）来标记每件事。然后，把这些简短的描述词写在愤怒量表的相应数字处。你应该把事件写在相应分数的愤怒词汇的右侧。

让你愤怒的事件

1. 你能回忆起曾对母亲感到某种程度的愤怒吗？
2. 你能回忆起曾对父亲感到某种程度的愤怒吗？
3. 你能回忆起曾对兄弟姐妹感到某种程度的愤怒吗？
4. 你能回忆起曾对配偶、爱人、男女朋友感到某种程度的愤怒吗？
5. 你能回忆起曾因为金钱或经济交易而感到某种程度的愤怒吗？
6. 你能回忆起曾经因为性而感到某种程度的愤怒吗？
7. 你能回忆起曾对你的上司或下属感到某种程度的愤怒吗？
8. 你能回忆起曾对同事、客户感到某种程度的愤怒吗？
9. 你能回忆起曾对医生感到某种程度的愤怒吗？
10. 你能回忆起曾对自己感到某种程度的愤怒吗？

确定你采取行动的阈值

在你的愤怒量表上有一个点，超过了这个点，你的愤怒就可能迅速升级、爆发，或者跨越到危险、失控的程度。利用你的个人经历与信息，找出这个点——如果不立即采取行动，解决问题，降低愤怒强度，情绪就可能升级到危险的程度。

这里所说的危险，并不是指人身危险或真正受伤的危险。你的危险值是指，让你感到非常不舒服，或者担心愤怒可能失控的点。

对于不同的人来说，愤怒量表上的这个点在哪里有着很大的差别。对于一些人来说，这个点是50分；对另一些人来说，直到愤怒达到75分或80分才有可能失控。还有些人的危险愤怒值更低，是40分或45分。

这样做的目的是找到自己的危险愤怒值，弄清量表上的哪个分数代表了你担心自己会失控的愤怒水平。然后，把你选出的数字减去10，这样你就可以留有余地，在愤怒达到危险值之前采取行动了。

危险值减去10，就是你采取行动的阈值。用蓝色记号笔圈出这个值，用红色圈出危险值。当任何情况达到你的行动值时，你就知道，你必须立即采取行动，解决问题与冲突（我们将在第19天学习这一点）。

如何使用愤怒评分量表。你现在已经练习过把过去发生的事情放在你的愤怒量表上了。从今天开始，哪怕是最轻微的愤怒，你都要加以留意。记住，任何事件超出0分，都意味着你感到愤怒了，无论这种愤怒多么轻微。

你不会再否认、压抑或试图回避自己的愤怒。你也不会再用讨好策略来防止别人对你生气。没有表达出来的愤怒会发酵，在暗地里愈演愈烈。很多时候，被压抑的愤怒会增长到危险的地步，以至于无法管理。矛盾的是，过度控制的愤怒几乎总会导致失控的暴怒。

从今天开始，你的新策略是尽早发现并意识到自己的愤怒。这意味着你要密切关注愤怒量表的底端，关注那里所记录的不安、沮丧、恼火和烦恼。你现在已经明白，这些都是愤怒升级的前兆。

至少制作三份愤怒量表（在上面标出所有的情绪标签与事件），分别放在家里、办公室里和钱包里。努力培养你对愤怒早期预警信号的觉察能力。当你感到疲惫、压力、疼痛，或者产生经前症状或其他让你心烦意乱的情况时，要特别注意。

一旦你开始对某人、某事感到有些焦虑、不高兴、烦躁或恼火的时候，就拿出你的评分量表。判断你是否能肯定自己十分平静，或者一点儿也不生气（也就是 0 分），否则你的愤怒就已经被点燃了，只是难以察觉。

如果你不能肯定自己处于 0 分，即使你还不确定自己烦恼的来源，也要在量表上评分。评分过后，你要密切关注自己的愤怒水平。这只是意味着，你意识到自己有一点（或者不止一点）烦恼，你的愤怒可能会升级。

一旦你的意识被唤醒，你就会注意到这件事在量表里的上下移动。你必须密切关注你的愤怒是否靠近了你的行动阈值。记住，一旦达到阈值，你就只有 10 分的余地了，再往后事情就会变得更糟。

如果事件达到了行动阈值，你就要采取行动，通过单方面的手段，或者恰当地与他人一同解决问题，从而降低你的愤怒水平。你在接下来的几天里会学习这些技能。

―――――――― 第 13 天总结 ――――――――

- 用你选择的词语来标记每个 10 分的区间，制作一个专属于你的 100 分愤怒量表。
- 用前文的问题唤醒你的记忆，给你自己生活中的事件评分；把那些事件放在适当的分数上。
- 找到你的行动阈值，这个值要比你的愤怒危险值低 10 分。危险值是你可能无法控制愤怒的分值。
- 为愤怒量表制作几个副本，这样无论何时，只要你感到情绪激动，超过了"平静/不生气"的程度，你就能做好准备。
- 通过评估自己的愤怒，留意愤怒的升级和降低，你就能让自己的理性处于主导地位，从而更好地管理和控制自己的愤怒。

第 14 天

呼吸放松

今明两天,你要学习两个管理愤怒的关键练习:呼吸放松和渐进放松。

在家里或其他地方找一个安静、舒适、可以独处的地方。最好有一个可以躺下的地方,比如床、沙发、吊床或躺椅。如果你觉得舒服的话,也可以躺在地板上。

呼吸放松需要 3~5 分钟有节奏的深呼吸。根据你的品位与喜好,你可以把灯光调得暗一些、柔和一些,播放轻柔缓慢的纯音乐,或者点燃有香味的(或普通的)蜡烛。

这样做是为了创造一个利于放松的环境。不要做任何需要太多时间或难以准备的事情,因为你要在接下来的一周左右反复做这件事情;你在康复之路上独立前进时也需要做这件事。

你做好空间准备之后,躺下,闭上眼睛。用鼻子缓慢地深呼吸。在吸气时，慢慢数五秒。

吸满气的时候，屏住呼吸 1 秒钟。然后用嘴缓慢呼气 5 秒，用同样的方式计时。

重复这个过程，用鼻子吸气 5 秒，屏住呼吸 1 秒，用嘴呼气 5 秒。在深呼吸的时候，想象涨潮的海洋。在吸气时，想象一股海浪轻轻冲刷沙滩。看着海水似乎暂停了 1 秒钟，然后改变方向，慢慢退回大海中。

想象海浪在涨潮时冲上海岸的场景，有助于你有节奏地调节呼吸。继续做这个有节奏的深呼吸练习，用鼻子吸气，用嘴巴呼气，持续 3～5 分钟。

呼吸放松几乎是所有形式的深度放松、自我催眠、冥想和其他减压方法的基本呼吸形式。如果你每天只做一次 5 分钟的呼吸放松练习，每周坚持几天，你的整体身心健康都会受益。

不要努力放松，要顺其自然。根据定义，当你努力做任何事的时候，你都没有放松。不要试图把呼吸放松或其他放松技巧做得完美无缺、完全正确，甚至也不需要做得很好。再次强调，一旦你开始观察和评判自己的表现，你就不再真正放松了。

渐进放松练习

在做了 3～5 分钟呼吸放松之后，你可以开始做第二个练习，即渐进放松。

继续有节奏地深呼吸的时候，把注意力集中在你的右手上。同时，说出或默念下面这句话："我的右手变得沉重而温暖。"

大约 30 秒后，你会感到右手真的变重了，重重地压在你躺着的床或沙发上。而且，你会感到右手逐渐发热。

接下来，把注意力转移到你的右臂上，一边继续深呼吸，一边说这句话："我的右臂变得沉重而温暖。"

当你感到右臂变得沉重、温暖的时候（在 30~60 秒内），把注意力转移至右肩。继续深呼吸，在你将注意力从身体的一个部位转移到另一部位时，默念"沉重而温暖"的那句话。

注意暖流如何扩散到你的全身，蔓延到你的四肢，一直到你的指尖和脚尖。继续将注意力从一个身体部位转移到另一部位，一直到左脚和脚趾。

你的目的是逐渐放松身体的每个部位。整个练习需要 5~15 分钟。

在接下来的几天里，你要把刚才学会的两种放松练习与其他愤怒管理方法结合起来使用。你会发现这两种方法能有效管理一般的焦虑和压力。

第 14 天总结

- 今天至少做两次呼吸放松，每次 3~5 分钟。不要努力或尝试评估自己的表现，只管去做。自然放松。
- 继续做呼吸放松，然后开始渐进放松。练习渐进放松的顺序是：从右手开始，再到全身各处，最后在左脚结束。
- 今天，你可以把放松练习算作两项愉快的活动。

第 15 天

燃起怒火

愤怒管理的目标就是教你如何打断正在发展的愤怒，给愤怒降级。一个重要的方法是运用自我诱导的放松技术，来抵消激起的愤怒。

为了练习减少愤怒，你首先需要学会让自己感到愤怒。允许自己在一个安全的环境中生气，你可以了解自己的想法与感受是如何运作的，它们既能加剧愤怒，让事情变得更糟，也能减少愤怒，让事情平息下来。你会发现，燃起怒火的想法和感受会放大、夸大事情。相反，平息怒火的想法和感受则是理性的、有节制的，旨在保持控制。

写下激起愤怒的想象化场景

在第 13 天，你回忆了过去让你感到愤怒的事情。对于每一件你回忆起的事件，你都在自己的愤怒量表上给当时的愤怒程度打了分。

现在，从你的愤怒量表中选择两件事：一件应该是你量表中分数最高的事，另一件应该反映出较低或中等程度的愤怒。如果有一连串相互关联的事情，或者说有不止一件事可供选择，那就选择你记得最清楚的事件——也许是最近的事件。

你需要写几段有关每件事情的话，作为引发愤怒的场景。你的目标应该是创造两个场景，当你在脑海中想象这些场景时，会感到真正的愤怒。这些场景应该能引发一种情绪反应，与你在实际情况中的感受十分类似。

把你自己想象成一位方法派演员，为了真实地表演一个场景，你需要变得非常愤怒。方法派演员会根据他们的真实生活经历，从感觉记忆中重构情绪反应。他们会通过想象与回忆，寻找与他们试图重构的情绪相关的感觉线索，从而做到这一点。

在你的练习中，你要用这两件过去的事件，来引发愤怒的感觉。要做到这一点，你需要在脑海中重新创造场景或环境。这些场景或环境要与这两件事情中达到顶峰的愤怒有着紧密的联系。在描述愤怒经历的物理环境时，一定要把你能回忆起的其他感觉记忆包含在内，这样能让你的想象更加栩栩如生。当时在下雨还是在刮风？出太阳了吗？你能听到什么声音？你或者其他人有大喊大叫或哭泣吗？

尤其是要回想一下愤怒时的内部生理感受。你的心是不是跳得又快又猛？你是不是紧握拳头，紧绷下巴？你在出汗吗？你能在身体里重新找到这种紧绷感吗？

为了达到这个目的，你不需要重述争论中的所有细节，也不需要证明谁对谁错。但是，对于每一件事来说，你确实需要回忆起足够多的内容，这样才能让你回到脑海中的事情中去，重新创造出你曾感受过的愤怒。

增加燃起怒火的想法。既然你的目的是尽可能地引发真正的愤怒，所以你要有意识地在场景中加入燃起怒火的想法。这些想法实际上都是有问题的，只会增强你的愤怒。燃起怒火的想法是指，当你感到委屈或受到不公对待时，你对自己说话的典型方式。这样做能强化你试图重构的愤怒情绪。通过有意识地在你的场景中写下愤怒的想法，你会对这些想法变得更加敏感。这样一来，当你下次发现自己处于引发愤怒的情况时，你就能更好地识别这些想法的有害影响了。

下面是燃起愤怒的想法的定义和例子。

- **让糟糕的情况变得更糟糕。**这种想法会把已经很糟糕或不幸的情况变成灾难。使用像"恶劣的""最糟糕的""毁灭性的"或"可怕的"这样的词，会增强你的愤怒。其他典型的"灾难化"想法包括：

    "我完全受不了这种情况。我讨厌他对我大喊大叫的样子。"
    "这是最糟糕的事情了。"
    "这太可怕（吓人、恶劣、恐怖、骇人听闻）了！"

- **有破坏性的"应该"。**这种想法会提出要求，或者强加武断的规则，要求你或其他人应该（应当、需要、按理要、必须）如何做事。如果你要求人们和事情必须变成什么样子，那么当你的期望没有得到满足时，你就只会感到愤怒和沮丧——而且你觉得自己的愤怒是合理的。例子包括：

"人们永远不应该排斥我、批评我，因为我为他们做了那么多好事。"

"他不应该那样对待我！"

"我为他们做了那么多事，他们应该在我需要的时候帮助我。"

- **负面标签或脏话**。脏话会增强愤怒，给人或事贴上负面标签也是如此。例子包括：

  "那个卑鄙的怪胎！"

  "这台电脑就是个便宜的破烂！"

- **夸大和夸张**。这样做会夸大事情，把事情的重要性、模式或趋势说得远远超出了现实情况。像"从不"或"总是"这样的词会放大和夸大人们的感知，从而引起更大的愤怒。这种想法的例子包括：

  "他从不守时。现在我的一天都被毁了！"

  "他总是只想着自己。"

  "我永远也不会原谅他那样对我。"

- **揣摩人心、假定事实、片面思考**。这是指你在没有验证，或者没有考虑其他解释的情况下，就认定那些支持你愤怒的信息。把所有责任归咎于一方，或者在没有核实的情况下就推测对方怀有消极的动机，往往会增强你的愤怒。例子包括：

  "整件事都是他的错。"

  "这件可怕的事是我造成的。这都怪我。"

  "这家伙就是想让我失控。"

写完你的场景。你现在应该写完了两个场景，描述了过去激起你愤怒的两个事件。每个场景都建立在过去的事情之上,它们都在某种程度上让你感到愤怒。

这两个完整的场景应该包括一两个描述性的段落,让你"看到"自己生气。你的描述应该能唤起你内在的感受,也能引起你外在的愤怒表现。

你的场景还应该包括至少两三个燃起怒火的想法,比如上面提到的那些。你可以在一个描述中结合两种或更多燃起怒火的想法。

放松练习。明天,你将学到如何将放松练习与引起愤怒的场景结合起来。练习呼吸放松和渐进放松是很重要的。你越擅长放松自己,你就越擅长管理愤怒。

第15天总结

- 从过去的经历中选出两件让你愤怒的事,至少一件事应该反映出高度的愤怒。
- 为每件事写一个场景故事,让你"看到"自己的愤怒达到顶峰时的情景。详细地描述视觉上、感官上的信息。回忆愤怒的内在感觉和外在表现。
- 每个场景中要包含两三个燃起怒火的想法。
- 做放松练习。

第 16 天

平息怒火

今天,你先要教会自己生气,然后打断并逆转这种情绪。要做到这一点,你可以交替进行诱导愤怒的场景练习、呼吸放松练习,以及平息怒火的思维练习。

平息怒火的想法

昨天,你在你的场景故事中加入了燃起怒火的想法——有缺陷的想法,会增强你的愤怒。今天,你要学会运用冷静、理性的话语来对抗那些燃起怒火的想法,尤其是要应对那些有害的、加剧愤怒的想法。

下面是一些平息怒火的想法的例子。

- **抵制那些让情况变得更糟的想法**。要抵制那些把问题变成灾难的极端、夸张想法。要把情绪降级为你能应付的烦恼或失望。例子如下：

    "这还不是我遇到过的最糟糕的事。这只是一个小麻烦，我能处理。"

    "这有点令人沮丧，但并不可怕（糟糕、恶劣）。我可以克服沮丧。这件事就像以前很多我处理得很好的事情一样。"

    "保持冷静。我能处理好这件事。生活中有许多悲剧和灾难，但这不是其中之一。这个问题在我看来只能算是个挑战。"

- **抵制破坏性的"应该"**。把要求表述成偏好或愿望。提醒自己，你并不是世界的主宰，别人没必要按照某种方式做事，或者必须有某种感受，仅仅因为你说他们"应该"如此。平息怒火的想法例子包括：

    "我希望人们不要批评我，但我能设法从他们的反馈中获益。"

    "如果我能知道，在我需要的时候有人会帮我，我就会感觉更好，但我不能强迫他们做事，仅仅因为我说他们应该如此。"

    "我希望他能换一种方式对待我，但我管不了别人。"

- **抵制负面标签和脏话**。回应你的咒骂和脏话，不要随意使用那些武断的负面标签，这些标签只会让你更生气。平息怒火的想法包括：

    "他不是个卑鄙的怪胎，他只是个让我生气的人。"

"这台电脑只是坏了,可以修好。它实际上是一台很强大、很有用的机器,不是破烂。"

- **抵制夸大和夸张**。不要习惯性地说夸张的话。人们很少符合"总是"或"从不"的描述。用深思熟虑的、准确的话语来替代夸张、夸大的词。平息怒火的想法包括:

  "他经常迟到,但不总是迟到。再说了,我也不想让他的迟到毁了我的一整天。我可以克服这种时间压力。"

  "她似乎很多时候都把自己放在第一位,但我不知道她每时每刻的想法。话虽如此,我不会把她当作好朋友。"

  "我可能很难原谅他,但随着时间的推移,记忆会淡忘,伤痛也会消失。也许有一天我会原谅他,但不是现在。"

- **抵制揣摩人心、假定事实、片面思考**。不要让自己在未经核实的情况下假定事实。当坏事发生时,很少是一个人的错,或者只有一个人应该受到责备。事情发生的原因往往不止一个。平息怒火的想法包括:

  "这件事不全是他的错。他可能造成了这个问题,但不能全怪他。"

  "我太容易为坏事责备自己了。我的力量不足以让这一切发生。但我会检查一下自己的行为,看看我是否助长了这个问题,这样我就不会再做同样的事情了。"

  "这家伙让我很恼火,但他不够了解我,甚至也不关注我,不至于故意想让我'失去理智'。他只是做了一些困扰我的事情,但我可以应对自如,根本不会'失去理智'。"

写下燃起怒火和平息怒火的话语。把你昨天写的两个场景故事拿出来。看看场景1，在燃起怒火的想法下面划线，对场景2也进行同样的处理。

现在，拿一张空白的纸，在中间画一条竖线，将纸面一分为二。在左边写上标题"燃起怒火的想法"，在右边写上标题"平息怒火的想法"。

一句一句地把场景故事里划线的句子抄到燃起怒火的那一边。对于每个燃起怒火的句子，你都要根据前文的解释和例子，写出一个与之相对的平息怒火的想法。

检查平息怒火的想法，确保这些想法是准确的，不包含煽动性的、夸张的用词或想法。

结合起来：燃起怒火，平息怒火

你现在已经做好了准备，能够把愤怒管理的各项技巧结合起来了。首先做3～5分钟呼吸放松练习。

当你感到很放松的时候，就坐起身来。脑海里想着一个场景故事，读出相关的燃起怒火的语句。读的时候要发自肺腑，感受愤怒的累积。你的目的是找回愤怒的感受。你的呼吸频率应该会加快；你可能会注意到胃部收紧，全身肌肉紧绷。至少感受愤怒1分钟。

一旦你感觉到了愤怒，下一步就是让自己平静下来。再次躺下来，继续做呼吸放松练习。想象潮水冲上海岸，又回到大海。把注意力集中在四肢上，感受它们变得沉重而温暖。注意你开始感到多么放松。

大约一分钟后，说出场景1中平息怒火的想法。你这是在用平息怒火的想法专门对抗那些刚才用来引起愤怒的想法。一定要持续到你不再紧握拳头、紧绷下巴，全身肌肉放松。

至少让自己放松几分钟。当你再次感到完全放松的时候，坐起身来，再次出声地重复场景1中燃起怒火的语句。提高音量，握紧拳头。将身心投入到这些语句里，再次让自己发怒。你可以用拳头捶桌子或用脚踩地板，来增强你的愤怒。

在感受愤怒一两分钟之后，回到放松的姿势。再次开始放松地深呼吸，用平静、柔和的声音说出平息怒火的想法。

用场景1做两次放松、愤怒、放松的循环。然后用场景2重复练习。每次都要以放松结束练习。

不要害怕让自己生气。如果你能随时让自己产生愤怒，那你也可以在需要的时候摆脱这些感受。能做到这两件事（激起愤怒，然后再平息愤怒），表明你在控制愤怒，而不是愤怒在控制你。

当你用两个场景做完了燃起怒火、平息怒火的练习之后，花些时间想一想，你正在学习的是多么重要的技能。当你的怒火被激起的时候，你有能力让自己平静下来。你已经学会了放松练习，所以在需要平静下来的时候，你就可以用这些练习。通过教会自己如何放松，你就已经为自己的愤怒准备好了行为上的镇静剂。

第16天总结

- 把平息怒火的正确想法写下来，来对抗燃起怒火的有害想法。
- 制作一张两列的清单，左边是燃起怒火的语句，右边是

"平息怒火的语句"。这些语句都来自引发愤怒的场景。
- 交替进行燃起怒火与平息怒火的循环，轮流做激起愤怒与放松的练习，这两部分结合起来就是完整的愤怒管理训练。用燃起怒火的想法激起愤怒，再用放松练习和平息怒火的想法缓和情绪、平静下来，这就是愤怒管理训练的基础。
- 你现在已经知道，你可以中断愤怒的升级，让自己平静下来。你已经证明了你有能力做到这一点。通过持续的练习，你会对自己的愤怒管理技能更有信心。

第 17 天

暂停

作为一个康复的讨好者,你不再需要通过安抚策略来避免冲突或对抗。这不意味着你现在会借故对亲近的人生气,或者与他们争吵;也不意味着你会与家人、朋友或陌生人发生敌对冲突。

记住,至少需要两个人才能发生愤怒的对抗或破坏性的冲突。虽然你不能直接控制对方怎么做,但你可以控制和管理自己的行为,对他们施加很大的影响。

如果你身边的人曾经与你发生过破坏性的冲突,或者你担心可能与他们产生对抗,你可以请他们与你合作,参与预防性冲突管理练习。例如,你可以教他们今天要学的暂停技术。

如何暂停

暂停是最有效的冲突管理方法之一。这种方法就是让自己暂时离开冲突场景，从而停止或打断正在升级的冲突。暂停的目的是，给自己一个机会，重新控制住自己的愤怒，并且（或者）间接地鼓励对方控制他的愤怒。

下面是暂停的 6 个基本步骤：

1. 发现你的愤怒（或对方的愤怒）正在升级。
2. 用事先准备好的离场台词宣布你要离开，并告知对方你大概什么时间回来；用委婉的方式提示对方离开，保护对方的面子。
3. 用破录音带技术应对消极反应。
4. 离开现场。
5. 用减少愤怒的方法平静下来。
6. 回到现场，重新开始沟通。

暂停的步骤听起来比在实际对抗中做起来更容易。然而，通过练习、准备和演练，你很快就能养成一种宝贵的能力，让你能够做到暂停，有效化解冲突。现在，我们来一步一步地回顾这些步骤。

第 1 步。第 1 步要求你发现自己或对方的愤怒升级的早期迹象或信号。你已经制作了一个专属于你的愤怒量表，你知道采取行动的阈值是多少。当你的怒气接近阈值时，你要采取的行动就是暂停。

虽然控制另一个成年人的愤怒不是你的责任，但当你意识到另一个人愤怒升级的危险信号时，你仍然可以采用暂停技术来打断这种情况。

这些迹象通常不难发现。当愤怒情绪高涨时，嗓门通常也会变大。愤怒的人通常还会使用有敌意的语言，以及有攻击性的、激烈的、指责的手势，比如挥动手指。

相信你的直觉能够发现对方不断升级的愤怒。作为一个人，你天生就有觉察他人攻击性的能力，这种能力与狗或其他动物的本能基本相同。当一条狗感觉到另一条狗的攻击性时，它背上的毛会竖起来，所有的感官都会处于戒备状态。

你也会通过自己的防御反应，知道另一个人是否对你有攻击性和威胁性。你可能会感觉到自己后颈的汗毛真的立起来了。或者，你可能会发现自己会离让你害怕的人远一些。

即使你知道自己很容易受到惊吓，在限制冲突的时候，还是谨慎为好。此时的底线很简单：如果你感到害怕，就是暂停的好时机。

注意，暂停是你的责任。你不该对对方说，他太生气了，反应过度了，或者"失去理智"了。这些指责的言辞只会进一步激怒对方。很少有人会对要求冷静的劝告做出积极的反应，尤其是当他们已经开始发怒的时候。告诉别人他反应过度了，会否定对方的感受，几乎一定会导致暴怒。

然而，通过为自己要求暂停，并解释你需要更好地控制自己的愤怒，你能为对方树立一个榜样，示范如何做出恰当的应对反应。通过表示你需要时间冷静下来，你就不会说一些以后会后悔的话，也会间接地暗示对方也这样做。

第2步。暂停的第2步，是使用事先演练好的离场台词，宣布你要离开一段时间。如果你能说明你需要多长时间才能回来，那就再好不过了。你必须保证在合理的时间内回来继续讨论，否则就会让对方感到沮丧，让他感到更加愤怒。

这里有一些供你练习的离场台词。请注意，有些话还会间接邀请对方也离开现场，并且顾及了对方的面子：

- "我需要一些时间来想想这事。我明天（几小时内，或某个具体的时间）会来找你，然后我们再把话说完。"
- "我快要发脾气了，但我不会让自己那样做的。我要花点时间冷静下来，这样我们就可以建设性地对话，解决我们的问题了。"
- "我需要离开一段时间，让自己平静下来。我不想在生气的时候说一些会让我后悔的话。我相信你能理解。我晚点给你打电话，我们约个时间再谈，把问题解决。"
- "我要开始生气了，我不想那样。我需要散散步，冷静一下。等我回来的时候，我们再把话说完。"
- "这场讨论变得充满敌意了，我不会让自己卷入其中。我需要一些时间冷静下来。我一会儿（明天、几个小时后，或具体某个时间）回来。"
- "我现在必须提出暂停。我需要一些时间冷静下来，这样我才能清晰地思考。我生气的时候听不进别人说话，而我希望倾听你要说的话。等我冷静下来之后再来找你。"

第3步。有时，特别是在对方没有听说过暂停技术，或者以前没有同意过这种事情的情况下，他可能会拒绝让你离开。对方甚至可能试图利用你的声明来激怒你，说一些诸如此类的话："不要像个婴儿（懦夫、孩子）一样逃跑。"或者："你说你要离开是什么意思？我说话的时候没有人能离开。想都别想。"

你必须为这种阻力做好准备，用你的破录音带技术来应对。你可以用下面这些话，或者用你设计的任何其他的话语来反抗阻力。只要记住，不要上当，不要防御，也不要就对方的指责内容做出辩解。

- "我知道你很惊讶。随便你怎么说我，我不会跟你吵的。我需要离开，才能控制自己的愤怒。我保证（特定时间）后回来。"
- "我知道你很生气。我们都生气了，所以我才需要离开一会儿，这样我才能控制住自己，倾听你说的话，而不是说那些会让我后悔的话。我会回来的，我们会解决这个问题的。"
- "我明白你觉得我要离开你了。我这么做是出于对你和我自己的尊重。我要离开自己的愤怒，而不是离开你。这样我才能控制自己。等我回来的时候，我们就可以像理智的人那样解决问题了。"

▶ **重要的是，你要把暂停当作一件很值得尊敬的事情。这是你打断并控制冲突的机会。这和"屈服""出卖自己""逃跑"或"退让"是不同的。**

你可以把暂停想象成一种体育上的比喻。当教练需要为自己的球队提供建议，调整球队的态度，打破对方球队的进攻节奏，或者用其他方式帮助球队赢得比赛的时候，就会叫暂停。正如在体育对抗中一样，当你叫暂停的时候，你是在行使你调整战术战略的权利，就像喘口气一样。

不要道歉，你完全有权利在事情失控前喘口气，否则就太晚了。也不要过多解释。当你宣布你要离开，并且对消极的抵抗做出了一两次回应之后，你就要停止说话并离开。

第 4 步。第 4 步很简单：离开。离开时不要做戏剧性的、愤怒的、挑衅的动作，比如摔门或者猛踩汽车油门。如果你在打电话，只要宣布你要挂断就行了。然后说再见，把听筒轻轻放下就好。不要摔听筒。

如果对方十分愤怒，试图用身体阻挡你离开，不要尝试用肢体冲突来清理道路。如果对方已经失控到这种程度，你肯定知道此时暂停已经晚了。

尽管如此，如果你的路被堵住了，你唯一的办法就是拒绝谈话，从而"离开"这段对话。告诉对方：

> 把我留在这里继续讨论是没有意义的。我听不进去你的话了，也没办法跟你讲话，除非我有时间让自己冷静下来。如果我有时间冷静下来，你会和我一样受益。我保证我会回来继续谈话。

第 5 步。到这个时候，这一步你已经练得很好了。你知道该怎么做才能打断愤怒的升级。这是你在愤怒管理部分中一直在练习的内容。不要用暂停来生闷气、制订报复计划、咒骂，或者扔东西、踢东西。这些行为都是在浪费时间，只会让你更加愤怒。

使用呼吸放松和渐进放松练习，让自己冷静下来，重整旗鼓。用平息怒火的想法来减少你的愤怒。

即使你要求暂停的真正目的是打断对方不断升级的愤怒，你还是应该利用这段时间来给自己的情绪降降温。如果你感觉受到了威胁，你肯定也产生了保护自己的防御情绪。愤怒具有高度的传染性。如果对方"失去了理智"，那你可能比你意识到的还要生气。

第 6 步。 最后一步是必须要做的。你必须重启谈话。你必须带着明确的解决冲突的意图回到谈话中。如果你觉得对方的愤怒对你构成了太大的威胁,无法继续面对面谈话,你可以打电话,尝试借助不见面暂时带来的安全感,来尝试解决这个问题。

当你提出重启谈话时,你应该表明你已经准备好继续对话了。然而,你应该询问对方是否准备好回到建设性的对话中,一同解决问题。几天后你会学到更多有效的问题解决方法。

回到谈话中的时候,明智的做法是感谢对方也暂停一段时间,但不要感谢他"允许"你暂停。你可以简单地默认,在你暂停的时候,他也暂停了一下。

你还应该表明,你希望找出解决问题的办法。与此同时,你应该告诉对方,如果冲突再次偏离轨道,激起愤怒,你可能需要再暂停一次,来重新控制自己。不要把这一点说得像是威胁或最后通牒;你只是在传达一则信息,并且暗示对方,如果控制好脾气,每个人都会受益。

与你亲近的人、可能会发生冲突的人分享你学到的关于暂停的知识,是一个很好的主意。如果双方事先在原则上同意暂停,那么当你(或对方)行使暂停的权利时,事情就会进行得更顺利。如果你与他人达成了有关暂停的共识,并且有过暂停的成功经历,你对冲突的恐惧就会大大减少,你的掌控感也会增强。

冲突解决中要做和不要做的事

当你提出重启谈话时,你需要侧重于解决冲突。这里有一些重要的沟通技巧，可以大大提高你解决问题的效率：

1. 不要使用夸张的词语，比如"你从不……""你总是"或者"每次你（我）……"。

2. 不要用诸如"你让我觉得我很蠢"或者"你伤害了我的感情"这样的句子，把你的情绪归咎于别人。

3. 要为你对对方的行为产生的情绪负责。要具体描述对方的行为，以及你对这种行为的感受。例如，"当你提高嗓门时，我觉得不被尊重"或"当你取笑我的时候，我感到受伤和生气"。

4. 要用 ABCD 沟通法："当你做 A 时，我感到 B；如果你能改做 C，我就会觉得 D。"例如："当你走出房间时，我感到沮丧和愤怒；如果你告诉我，你需要暂停，我会感到宽慰和感激，因为我也有时间让自己冷静下来了。"

5. 要与对方共情。试着从对方的角度看问题；试着感受他的感受。

6. 要仔细倾听。尽量不要打断别人。如果你不明白对方的话，可以要求进一步解释。

7. 不要评判对方的情绪是否正确。例如，不要说"你反应过度了"或"你为这件事这么难过，真是太傻了"。

8. 要复述你认为你所听到的内容，来检查你是否理解对方所说的问题。例如，可以说"所以，你说的是……"或者"如果我理解了你所说的，你觉得……"。

9. 要共同制订一个计划，并坚持执行。用"停止行动"法控制冲突过程。例如，如果谈话跑题了，你可以说："我觉得我们跑题了。我们回到你如何看待这个问题上来吧。"

或者说:"我们正在努力一步步地制订创造性的解决方案。我们回过头来看看,我们已经讨论过哪些步骤,以及下一步要做什么。"
10. 如果你做的事情给对方带来了困扰,要向他寻求建议,问他应该如何纠正。例如,你可以说这样的话:"所以,当我说××的时候,你受到了伤害。你更愿意让我怎么说呢?"

第 17 天总结

- 学习管理冲突的暂停技术的 6 个步骤。
- 练习暂停的离场台词与破录音带台词。如果可能的话,可以和一个支持你的朋友一起练。把台词练上 3~5 遍,直到你可以坚定、直接、毫无歉意、不带防御意味地宣布你要暂停。同时,要注意不要表现出敌意,也不要提高音调,好像你在请求允许或请求离开一样。
- 注意,重复练习暂停技术和愤怒管理技能,你对于潜在的愤怒、对抗情境的焦虑和压力就会减少。
- 在重启谈话的时候,按照"要做"和"不要做"的清单,有效地沟通和解决问题。保持建设性沟通,能够减少你们再次生气的可能性,并增加成功解决冲突的可能性。

第18天

压力免疫法

今天你将学习如何在模拟冲突情境下运用平息怒火的自我表述。这些话语将帮助你做好准备，处理实际对抗中的压力。平息怒火的自我表述也能帮助你在冲突中监控自己愤怒升级的情况。这些话语能抑制你做出挑衅或攻击反应的倾向，进而减少激怒对方、促使他做出敌意行为的可能性。

压力免疫的概念，就像生物学上的疫苗接种一样，就是让你暴露在你害怕的情境中，让自己脱敏，对这种情况产生抗压能力。

"加道尔护盾"与你肩头的教练。有了这些强大的技术，你就不需要在毫无保护和准备的情况下，面对产生焦虑的冲突。通过想象两幅强有力的画面，你能大大增强你的信心与能力，更加自信地处理对抗。

第一幅令人安心的画面，就是"加道尔护盾"的保护。这个概念来自上一两代人在电视上看过的牙膏广告，那时的广告一点儿也不含蓄。在加道尔牙膏的广告里，有一位笑容灿烂的女士站在一个透明的塑料屏障（"加道尔护盾"）后面，她洁白的牙齿闪闪发光。

这位女士尽情地展示着她那灿烂的笑容，镜头外则有人把西红柿和其他糊状食物朝她脸上扔去。食物并没有玷污她可爱的笑容，只在塑料屏障上溅得到处都是，而这位女士却毫不退缩，依然喜笑颜开。

当你处于潜在的对抗中时，可以想象自己被一个看不见的、坚不可摧的心理护盾罩住了。（如果你喜欢《星际迷航》，就想象"启动护盾！"这句台词。）你可以进一步想象，尽管他人可能会以挑衅、侮辱、批评或其他敌对言论的形式，向你扔出"西红柿"，但没有什么东西能穿透这道护盾，伤害你的情感。当你站在这道无形的护盾后时，可以想象对方的敌对言论就像西红柿的汁液一样溅回他自己身上。

第二幅让你安心的画面，是一个缩小版的你，穿得像个运动员的教练一样，站在你的右肩上，探着脑袋对着你的右耳说悄悄话。这位教练会陪伴你度过潜在冲突的每个阶段，监控你的每一个行为，提供支持和指导，对你说平息怒火的话语。

然而，我们所说的这项运动既没有竞争性，也没有攻击性。因此，这位教练并不会指导你如何把架吵赢。相反，这项运动的名称是"远离破坏性的、愤怒的吵架"。建设性的冲突不是一场有赢有输的零和游戏，它的目的是有效地解决问题，让每个人都受益。

这位教练站在你的肩膀上，随时都用平息怒火的自我表述来指导你；此外，你还有一道坚不可摧的心理护盾来保护你的感受，你面对冲突压力时的恐惧和脆弱都会减少。

训练自己平息怒火。把缩小版的你想象成自己的教练。在冲突或对抗中，他会对着你的耳朵低声说出平息怒火的建议。

这里有一些例子，你的教练可能会在冲突升级的不同阶段对你说这些话。

(1) **为预期中的冲突做准备**。这些自我表述的目的是，在预期的冲突发生之前调整你的态度，降低你的紧张感。这些语句能让你保持冷静、稳定，这样你就不会被对方的第一句话激怒。例子包括：

- "这可能会让我有些难过，但我能处理好。"
- "如果我发现自己生气或难过了，我知道我可以暂停一下。"
- "我能制订计划来处理这个问题。"
- "没必要吵架或争论；必须要有两个人才能吵起来，我相信我能控制自己的反应。"
- "保持灵活冷静。深呼吸一两次。思维僵化只会让你失去选择。"
- "无论他说什么，我都有我的心理护盾，所以我不会受伤或生气。"

(2) **当他人愤怒地与你对峙时**。下面这些话语应该能提醒你，你已经做了充分的准备，能够处理愤怒与冲突。在这个阶段，你平息怒火的自我表述应该直接针对如何控制情绪，不让你的愤怒过度升级。下面是一些例子：

- "冷静、放松。没必要生气。"
- "不要让他激怒我。"
- "控制住自己。我要保持理智,一切都会好起来的。"
- "只要我保持冷静,我就能控制住自己。生气是没有好处的。"
- "很遗憾他变成这个样子。我不会让他控制我,让我生气和难过。"
- "不要小题大做。不要夸大这件事。一切都会解决的。"
- "我不需要证明我是对的,他是错的。我可以只承认,我们有个问题需要解决。"

(3)**如果你被激怒了**。这些自我表述能打断你逐渐升级的怒气,帮助你重新控制自己。这些自我表述的直接目的,应该是将你的愤怒控制在最佳范围内——你可能需要足够的愤怒来坚守自己的立场,但不要太生气,以至于变得充满敌意,让冲突变成破坏性的。当你被激怒时,可以平息怒火的自我表述示例包括:

- "我能感觉到自己越来越紧张。我需要做几次深呼吸。"
- "我可能需要暂停一下。我知道该怎么做,我完全有权利去调整自己。"
- "我并不是在回避问题,这一点很重要。我需要坚持下去,相信我可以引导这次讨论,找到合作的解决方案。"
- "我不会屈服,不会再次变成讨好者。还有其他的方式来处理他的愤怒。我不用再害怕了。我可以维护自己,维护我的权利。"
- "我需要继续倾听。如果我气昏了头,就听不进去他说什么了。"
- "要听教练的话。记住我还有心理护盾。"

(4)当你解决了冲突时。你应该在成功解决冲突后对自己说这些话。即使你遇到过一些棘手的时刻,或者你需要暂停才能冷静下来,你也应该表扬和认可自己,因为你没有屈服,采用讨好他人的安抚手段。这些自我表述的示例如下:

- "我对这次经历感觉很好。我们竟然解决了问题,而且双方都没有太生气。"
- "我为自己没有逃避冲突而感到自豪。我很害怕,但我的'教练'帮我渡过了难关,我甚至能够找到一个可行的解决方案。"
- "我越来越擅长处理愤怒和冲突了,而且我也越来越自信。我不像过去那样害怕了。"
- "除了恐惧本身,我没有什么可害怕的。我一直在努力控制愤怒、管理冲突,我不会再像以前那样讨好别人。"

(5)如果冲突只在一定程度上得到了解决,或者这次没有达成解决方案。为自己处理冲突的过程表扬自己,而不是为结果表扬自己。要客观看待问题,用自我表述来防止自己过度思索、钻牛角尖。例子包括:

- "随着时间的推移,再多加练习,我会做得更好。我们没有解决问题,但我们也没有成为敌人。我们可以保留不同意见,这没关系。"
- "我为自己在这种情况下的表现感到自豪。我很遗憾

- "不要再想这些了。这样只会让你心烦。你已经在这件事上花了不少时间了。暂时把它放下吧。"
- "不是所有问题都能解决；反正我也不是专门解决问题的人。我能接受我解决不了这个问题，我不需要把这件事当作我个人的失败。"

你应该回顾和练习上文的自我表述，想象你在对抗或潜在冲突的不同阶段会如何运用它们。如果你愿意，你可以自己写一些自我表述。你的自我表述越个人化，越符合你的说话和思考方式，你的"教练"就越有效。

倾听教练的内在声音

一旦你通过练习剧本，学会了压力免疫技术，你就可以用这种方法来让自己脱敏，为任何冲突、对抗或其他压力情境做好准备。

使用下面的剧本来练习。你可以向一位支持你的朋友或亲人求助，在剧本中扮演"朋友"的角色；你也可以自己扮演所有角色。

朗读这些台词。请注意，教练这个角色模拟了你内心的声音。在最初几次练习这个剧本的时候，你要用非常小的声音说教练的台词，就好像你只是在脑海中听到这些话一样。在练习了几次之后，不再念出教练的台词，而是默读这些话语，就像它们是你心中的自我表述一样。注意你内心的教练如何使用平息怒火的

（开头续）他没能与我合作，或者更灵活一些。我相信，如果他不那么固执己见，这个问题就会解决的。"

话语来控制你自己的愤怒。

这个练习剧本的主题是金钱。你在要求欠你钱的朋友还债。为了有效练习,朋友这个角色的台词应该用愤怒的语气说出来。关键是要学会如何面对并应对潜在的敌意对抗。

在你开始阅读剧本之前,想象一下你四周的心理护盾。在阅读剧本的过程中,要一直保持这样的想象。无论你的朋友变得多么愤怒,她的话都只会被你四周无形的护盾弹开。

你练得越多,压力免疫的效果就越好。如果你愿意,可以用这三个角色,为另一个潜在的激烈冲突或对抗情境编写剧本。

你:我需要跟你谈谈你在几个月前借的钱。我们说好了,你会在六周内把钱还给我,可我到现在还没有收到钱。

朋友:六周?我以为我们说的是六个月!你知道我的情况有多糟。我刚刚换了工作,我有很多债务要还。(开始生气)我真不敢相信,你会给我施加这样的压力。我以为你是我的朋友。

教练:好吧。保持冷静。她开始发火了,但我能处理好,我能保持冷静。我需要仔细倾听,不要防御。做几次深呼吸。

你:我明白你感到有压力,但我需要你开始还钱了。也许我们可以制订一个分期支付的方案,这样你的压力会小一些。

朋友:(生气了,音量升高)如果你别再烦我,压力就小了!你算什么朋友?这些年来我可帮了你不少忙。你为什么现在要钱?等一等又没关系。我还要处理其他债主呢!

教练:别搞砸了。保持冷静。没必要生气。她只是在防御,她只是想让我感到内疚。我要坚持使用破录音带技术,控制住我的愤怒。如果我开始失控,我们很快就会谈崩了。

你:我真的能理解你很不高兴。我知道有经济压力是什么感觉。我自己也有这种压力,所以我才需要你开始还钱。我一直在试着理解你,支持你,这也是我当初借钱给你的原因。我们看看能否制订一个你能接受,也符合我需求的付款安排。

朋友:(很生气,大喊大叫)你根本不理解。我压力太大了,我都快疯了,你明明知道的。现在你又因为钱的事来烦我!

教练:我真的需要暂停一下,否则我会发脾气的。那是我最不愿意做的事。保持冷静。说服她我们需要冷静一下。

你:我们不能吵起来。我拒绝和你吵架。我们休息几分钟吧,这样我们都能冷静下来。我会去趟卫生间。我大概五分钟后回来,我们会想出解决方法的。

朋友:好吧。你大概是对的。

教练:太好了。暂停之后她会想通的。

你:(经过五分钟的暂停)好了。我们约定保持冷静吧,我相信我们可以找到解决这个问题的方法。我们肯定没必要争吵。我们可以做得更好。

朋友:(含着泪)我感觉很糟糕。你让我感到很内疲。我以为你会理解我的处境。我的新工作需要新衣服、新鞋子。我还得付其他账单。你现在显然不像我那么需要钱。

教练：不要防御。不要道歉，也不要找理由。她欠我钱。为她的新生活方式付钱不是我的责任。做几次深呼吸。不要被她吓到。用破录音带技术。

你：我知道这次谈话很不愉快。这对我来说也很不愉快。我认为，解决钱的问题对我们的友谊很重要。这是我们的公事——不是私人恩怨。我们商量一下你什么时候开始还款，以及每次分期支付多少钱。只要我们达成协议，我们俩都会感觉好一些。

朋友：（不情愿，但没那么生气了）好吧，我一次还不起所有的钱。你得对我耐心一些。我会尽我最大的努力，但我有许多新开支，经济上已经捉襟见肘了。

教练：放松些。她显然既不开心，又有些恼怒。不要挖苦她的"新开支"，这样会让事情变得更糟。我就快成功了——只要提出一个尊重她的解决方案就好。

你：好吧。我们坐下来，制订一个双方都能接受的付款安排吧。我相信我们能解决这个问题。我知道欠钱的感觉不好，我不得不向朋友催债的感觉也不好。我们可以解决问题。我们想想办法吧，因为我们都不想争吵。

这个练习的重点是"听到"你平息怒火的想法，并训练自己在实际冲突或潜在的激烈对抗中仍然保有这种内心独白。

第 18 天总结

- 想象有一层无形的心理护盾在保护你,能够弹开他人的敌意。
- 想象并"聆听""你肩上的教练",在潜在的对抗中,在内心保持内心独白,控制你和你的愤怒。
- 在潜在对抗的不同阶段,学会运用平息怒火的话语,这样你就可以监控自己的愤怒,控制冲突。
- 练习压力免疫剧本,小声说出或默念教练的台词,并大声说出其他角色的台词。注意重复练习如何让你"免疫",并减轻你的压力水平。

第 19 天

协助朋友解决问题，
而不是替朋友解决问题

朋友和亲戚经常会向你倾诉他们的问题，因为你长期以来一直是一个讨好者。他们这样做的主要原因，是希望你能替他们解决所有问题，处理所有危机，解开所有难题。你过去的行为造成了这种期望。

作为一个康复的讨好者，你需要告诉那些带着问题来找你的人，他们应该知道你会给出不同的、更健康的回应。

优先考虑你最想帮助的人

当然，你仍然可以选择帮助你最爱的、最关心的人解决他们的问题。然而，你不可能一直解决每个人的问题。有些人只能靠自己了。

在大多数情况下，你决定在多大程度上帮助别人解决问题，最终取决于具体情况。当然，在你生活中仍然有一小部分人，你几乎愿意为他们做任何事情，来帮助他们解决几乎所有问题。

在你的日记本里写下这个名单，标题是"我最想帮助的人"。这个名单应该很短。如果你要帮的人一两只手都数不过来，那你名单上的人就太多了。记住，你的名单上应该只有少数几个人——你生命中最重要、最特别的人。你想为这些人留出时间和精力，以防他们真的需要你的帮助，来解决危机或其他重大生活问题。

请记住，如果你给自己增加过多的负担，试图解决那些不在你名单上的人的问题，那么当你最亲近的人突然需要你的帮助时，你就可能有心无力。

你名单上的那些人也重视你、爱你。当他们看到，你因为帮助了那么多人而筋疲力尽的时候，那些名单上的人，你特别想帮助的、特别的人就可能不太愿意向你求助，因为他们看到你已经承担了沉重的负担。

当朋友向你求助时

下次朋友或家人向你求助的时候，你需要一个不同的剧本，来取代你的习惯性反应。当然，你过去的反应是，下意识地把他人的负担当作自己的负担。你的新反应将是下面两种选择的其中之一。

1. **说"不"**。理解他人的感受，但要把问题留给应该负责的人：对方。祝对方好运，并表示你相信他能解决问题。如果你的朋友直接要求你帮忙，准备好说"不"。

2. **争取时间，考虑一下你想在多大程度上协助这个人解决问题**。你已经从之前的练习中了解了争取时间的基本步骤，包括：

（1）认可并理解他人的痛苦。

（2）除了说你需要时间来考虑这个问题外，不要做出任何承诺。

（3）答应在相对较短的时间内再联系对方。尽可能给出再次联系对方的日期或大致时间。

对求助的朋友说"不"

这里有两个例子，说明了如何把解决问题的责任还给"有"问题的人。把下面的话读出声来，再多写出一两种转移责任的方法：

- "这件事让你心烦是可以理解的。我知道你会有办法解决的。"
- "很遗憾你遇到了这种事。我只能想象（这件事）让你有多不高兴。我真心希望你的情况能尽快好转。"

如果你愿意，可以根据自己的生活编写一些剧本。当你练习这些剧本的时候，重要的是不要道歉或过度解释你为什么不为对方解决问题。你完全有权利把时间和精力留给自己，以及帮助那些在你名单上的人。

记住，仅仅是倾听，你就已经在为对方做一些有帮助的事情了。

"争取时间",暂缓回应求助的朋友

这里有三个"争取时间"的例子,说明了当朋友或其他人带着问题来找你的时候,你可以怎么说:

- "我明白你很难过,你想让我帮你解决这个问题。我需要一些时间来考虑怎样才能最好地帮助你。我会在(周几或今天的某个时候)给你答复。"
- "我知道这个问题对你来说很难。让我想想怎样才能帮上忙。我需要查看一下我手头的事情。我会在(周几)给你答复。"
- "我能感觉到你有多难过。我知道你需要为这个问题找到答案或解决方案。让我考虑一两天,然后我们再谈。"

同样地,你也可以写出更多争取时间的剧本。如果你心中有特定的人和(或)问题,将会很有帮助。

练习"争取时间"的剧本,这样你才能足够熟练。下次有人向你求助,你想要考虑自己要在多大程度上帮忙的时候,这些剧本就能派上用场了。

7步问题解决法

要协助朋友解决问题,你能做的最有帮助的一件事,就是提供一个有条理的、合乎逻辑的、有效的解决方法。你将会在下面看到,你可以使用7步问题解决法来判断,你希望在多大程度上参与问题解决过程。

下面是有效解决问题的 7 个步骤:

1. 将问题视为需要做的决定。
2. 集思广益,想出所有可能的解决方案。
3. 在合理的时间范围内收集相关信息。
4. 权衡每一种选择的利弊。
5. 选择最好的(或者最不糟糕的)选项。
6. 把决定付诸行动。
7. 评估当前的解决方案,将新问题视为需要做的决定(回到步骤 1)。

选择帮多少忙

现在,你可以在三种参与程度中做出选择,决定自己要在多大程度上帮助他人。第 3 级,也就是最高级别的参与,通常仅适用于你短名单上的人。即使在第 3 级上,你的目标也只是协助亲朋好友解决问题,而不是替他们解决问题。

以下是三种参与程度,以及你该如何按照你的选择行事。

第 1 级:你的朋友只能靠他自己。这是最低层次的参与,你基本上划了一个明确的界限,表明:"这是你要解决的问题。我可以做一个同情你的朋友,但我不能替你解决问题,甚至也不能帮你。"下面的基本情况说明了当别人向你求助后,你该怎么做:

- 再次联系你的朋友(亲戚或同事)。
- 复述他们的问题,表示你已经认真倾听了。
- 对对方的感受表示理解。(例如,我知道你有多难过。)
- 明确而坚定地表明,除了提供一些基本的问题解决建议之外，你不能做更多的事情，并且在一周后打电话看看事情进展如何。例如：

"跟治疗师或咨询师谈谈可能很有帮助。"

"集思广益，想出尽可能多的解决方案是个好主意。除非你已经想出了所有可能的解决方案，否则不要轻易断定哪种方法最好。有进展了告诉我一声。"

"有时我发现，写下解决方案的利弊会很有帮助，这样我就能客观地审视这个方法。回头给我打个电话，让我知道一切进展如何。"

第2级：与朋友一起集思广益。在这个等级上，你会通过界定问题，与朋友一同讨论来提供帮助。你可以给对方一份"礼物"——教给他7步问题解决法，并给予你的鼓励。第2级的基本场景有：

- 再次联系对方。
- 告诉对方7步解决法，讲解这种方法。
- 主动与对方讨论问题，并（或）与对方讨论可能的解决方案。但是明确表示你只参与讨论。
- 不参与解决问题的环节。将收集信息、评估选项、选择方案、实施方案的责任留给对方。

第3级：协助朋友解决问题。主动提供帮助，与对方一起参与整个解决问题的过程。（这对你的孩子来说尤其有帮助、有教育意义）。注意，这是一种高度的参与，应该只适用于极少数的人。然而，即使对于这些人，你也不会替他们承担解决问题、消除危

机的责任。这是讨好症的行为,你不会再这样做了。下面是第 3 级的场景:

- 再次联系对方。
- 在解决问题的所有 7 个步骤中,主动与对方合作。
- 表明你会参与整个过程,但解决问题的最终责任(以及功劳)是对方的,不是你的。
- 务必让对方承担选择解决方案的责任。
- 在解决方案的实施过程中,将自己限定为支持性角色,而不是核心角色。

第 19 天总结

- 阅读并学习 7 步问题解决法。
- 在日记本中列出一个简短的名单,列出你生活中那些特别的人——当他们遇到问题时,你想要帮助他们。
- 练习如何争取时间,好让你考虑自己想要参与到什么程度。
- 练习重新联系对方后的三个等级的参与程度。
- 注意你的措辞、语气和语调变化。注意,不要因为没有替对方解决所有问题而听上去怀有歉意或内疚。记住,你的目标是从讨好症中康复,同时做一个支持他人的好朋友、好家人。

第 20 天

纠正错误的假设

今天,你将学着检验自己的预期:当你脱胎换骨——成为一个康复的讨好者之后,其他人会有什么反应。

在过去,如果你没能讨好他人、遵从他们的意愿,你往往会高估他们对你生气、排斥你、否定你或抛弃你的可能性。现在,你可能已经松了一口气,因为当你说"不"或拒绝请求的时候,没有人做出过有攻击性的回应,或者试图愤怒地恐吓你,迫使你屈服;他们也没有否定、抛弃或排斥你。

相信你的家人和朋友。真正爱你、关心你的人会支持你所做的事情。他们会适应新的现实,只要你不重蹈覆辙,重拾讨好他人的老习惯。对于不一样的你,无论他们暂时会有什么反应,他们最终都会接受现实,而且他们仍然爱你。

要相信,从长远来看,治愈讨好症是对每个人都好的事情。

只有当你尊重自己的时候，别人才会更加尊重你。

为了克服恐惧，你需要鼓起勇气，检验自己的预期。

▶ 随着时间的推移，越来越多的证据表明，你的恐惧是没有根据的，你的焦虑会逐渐减少，最终完全消失。

检验假设的准确性

检验你的预测。在你的日记本中，把新的一页分为三栏。让左右两栏宽一些；中间那栏可以窄一些——只要能写下"是"或"否"即可。

左边那栏的标题为"我的预测"，中间栏的标题为"是或否"，右边那栏的标题为"实际结果"。

从下面的清单中选择一种行为，承诺你将在下周去做：

1. 对一个请求、要求、邀请或求助等说"不"。
2. 将一项工作、家务或任务委托给别人。
3. 求助。
4. 让某人停止做一些困扰你的事情，并提议对方做另一种行为。
5. 倾听他人的问题，但不要提供建议，或插手去解决问题；只要表现出共情，把责任还给他就好。
6. 向某人表达消极情绪（如愤怒、失望、批评、否定），并提出建设性的改善建议。
7. 针对占用你时间和资源的请求或要求，根据你的情况还价。

这份清单代表了你练习过的七种行为——其中某些行为已经融入了你的生活。如果你还没有完成前几天关于委托或说"不"的任务，现在就是你做这些事的机会。

重要的是，你只要做一种设定边界、不讨好他人的行为，这样你就可以检验你对行为后果的预期了。

从清单中选出一种行为之后，就把这种行为放在特定情境中——这个情境中要有一个特定的人。例如，假设你选择了"求助"行为。你可以把它放在这样的情境里："我要让丈夫帮我准备工作绩效评估。我需要他的支持，需要他与我一起角色扮演，这样我就可以向老板提出加薪了。"最后，你要加上这样的预测："我觉得丈夫会很烦躁，他没有时间来处理我的焦虑。如果我让他扮演某个角色，他会很不耐烦，会很生气，很可能会拒绝。"

当然，下一步是至关重要的。你必须做出这种行为，通过观察后果来检验你的预测。

如果你的预测是正确的，就在中间那一栏中写一个"是"；如果预测错了，就写"否"。在右边一栏写下实际发生的事情，包括确切说了什么、做了什么。

有可能你不确定如何解释对方的情绪反应。例如，你害怕（因此预测）丈夫会烦躁、生气。然而，当你真的向他求助时，他却同意角色扮演，并花了一个小时为你要求加薪做准备。

显然，你对他会拒绝角色扮演的预测是错误的。但是，假设你仍然不知道他的情绪反应。由于你担心他会生气，你可能会感觉他的行为中带有这些情绪。

如果你不清楚对方的情绪反应，那就提问。这样一来，你就可以借此向他表示感谢，让他更愿意帮助你。与此同时，你可以让他描述一下他当时的感受。他是不是真的烦躁又生气？你可能会了解到，事实恰恰相反，他很高兴你听取了他的建议，你给了他一个机会，用具体、实实在在的方式帮助了你。

继续检验你的预测。每当你设置个人边界，或者做出其他康复的讨好者会做的事情时，你都应该用日记本记录下你的预测和事实结果。

继续记录你的预测和实际结果有两个目的。第一，练习检验预测有助于维持你的决心，坚持做这些新学会的、利于康复的行为。因此，通过检验你的预测，你能不断重复那些新的行为。

继续记录你的预测和实际结果的第二个理由是，积累大量真实的证据，证明你讨好他人的信念是错误的、自我挫败的。你花了多年时间，对于你和他人的关系形成了一种根深蒂固的讨好信念。只有反复的生活经历才会让你看到这一点：你不需要承受讨好症的压迫，也能维持重要他人的喜爱和尊重。你的预测检验日志，是收集真实"数据"的方法，这些"数据"能够证明你的消极预测是错误的。

控制自己的记忆卡

你现在已经快要完成 21 天行动计划了。即使你已经完成练习，也需要定期提醒自己控制住自己讨好他人的倾向。

老师会用卡片教会孩子们基本的数学、字词识别，以及其他需要记忆的技能。你可以想象自己正处于从讨好症康复的早期发展阶段。

就像小孩子学习乘法表一样，你一直在学习独立自主的新规则（那些能够帮助你记住如何做一个康复的讨好者的词语、句子），以及不再强迫性地迎合他人需求的新规则。你必须把这些新规则牢牢地记在心中，这样它们才会成为你的第二天性。

要制作记忆卡，你需要一支记号笔和一叠空白卡片。你要做的记忆卡是单面的——不需要把卡片翻过来看答案。

下面是50个词句列表，供你抄到卡片上。对你来说，有些词会比其他词更有意义，或更重要。不过，最好制作一套完整的、包含全部50个词句的记忆卡。

你可以随时增添记忆卡。你的记忆卡越适合你就越好。任何词语或句子，只要能让你想起，你是如何从一个不由自主的讨好者转变为重新掌控自己生活的、康复的讨好者，就可以写在记忆卡上。

记忆卡上的词语或句子

1. 说"不"
2. 暂停
3. 委托
4. 不够好也没关系
5. 我需要自己的认可
6. 时间
7. 设置界限
8. 平息怒火
9. 控制
10. 听我教练的话
11. 问题是挑战
12. 自我尊重
13. 心理护盾
14. 7步问题解决法
15. 数到10
16. 做出明智的选择
17. 灵活
18. 我的生活我做主
19. 不要"应该"
20. 破录音带
21. 放松
22. 三明治技术
23. 愉快的活动
24. 呼吸
25. 自我认可
26. "试金石"问题
27. 名单
28. 自我保护
29. 小步康复
30. 康复的讨好者
31. 表现得像个康复的讨好者
32. 呼吸放松
33. 建设性冲突
34. 适当的愤怒
35. 我的愤怒量表
36. 愤怒行动阈值

37. 打断愤怒	38. 重启谈话，解决问题	39. 中止愤怒，平息怒火
40. 我不是我做的那些事	41. 也要照顾好自己	42. 我不是不可或缺的
43. 改变的勇气	44. 喜欢自己	45. 尊重自己
46. 选择	47. 不要内疚	48. 预演
49. 压力免疫	50. 关心别人是我的选择	

复习记忆卡。 如果你每天至少复习一次记忆卡，在接下来的一个月到六周的时间里，你会受益最多。你可以随身携带这些卡片，在一天中的任意休息时间翻看几张。你可以把记忆卡放在床头柜上，每天晚上睡前从头到尾复习一遍。

重要的是，你只要记住那些改善你生活的关键概念就行了。作为一个康复的讨好者，在你培养新的自我概念时，你可能会发现，某一天的事情可能会与两三张记忆卡产生特别的联系。在另一天，其他的词语或句子可能又特别吸引你的注意。

如果你愿意，可以制作不止一套记忆卡，以便在你想要或需要的时候随时查阅。保持高度的意识，做出正确的选择，打破过去的讨好习惯，是防止"旧病复发"的最好办法。

一个月至六周后，你可能会觉得记忆卡上的词句已经很好地融入了你的意识。尽管如此，每周至少复习两次，也会让你受益。

强化练习：继续执行行动计划

重要的是，你要继续做 21 天行动计划里第 1~20 天的活动。

每周要安排两三次强化练习，重复计划中最有帮助的练习和活动，或者巩固那些薄弱的领域。

尽量定期做那些愉快的活动与放松练习。在理想情况下，这些事情应该融入你的日常生活。

此时你应该已经很清楚，哪些活动最有利于改善你某些特定的习惯和弱点。尽管你肯定与其他讨好者有着许多相似的行为，但你的讨好症也有其特殊之处。

你最应该反复努力纠正的，应该是你最根深蒂固的讨好习惯。例如，不要指望通过一两次练习，你就能自动掌握委托他人做事，或者说"不"的技能。持续的练习能帮你把新习惯融入日常生活。

要在每天晚上回顾 21 天行动计划的总结。这些总结能很好地提醒你，当天的行动计划中包含了哪些练习和指导。在几个月的时间里反复做所有的练习，能让你获得最大的益处。

这些强化练习有助于巩固你已经学到的技能，以及你已经做出的重要改变。越是巩固这些新的行为，你对待自己，与人互动的新的、健康的方式就会变得更加根深蒂固。

第 20 天总结

- 下定决心在接下来的 7 天里，做一件设置边界、表达需求或自我保护的特定行为，（如委托别人做一件家务活任务，对一个请求说"不"，表达一种消极情绪）来检验自己的预测。
- 把你打算做的事情，以及你认为他人会对你的行为做出什么反应的预测写下来。

- 观察你的经验"数据"。记录下你的预测是否得到了证实。然后详细记录实际发生的事情。
- 用前文提供的 50 个词语和句子,制作 50 张记忆卡。这些词语和句子是你从讨好症中康复的关键。你还可以任意添加新的词语和句子,只要这些词句能帮助你意识到自己是一个康复的讨好者,拥有新的选择。
- 在接下来的一个月或六周内,每天至少复习一次记忆卡;在之后的时间里,每周至少复习两次。要记住你是如何改变自己的,这是防止你重蹈覆辙的好办法。
- 复习第 1~20 天的总结。每周安排两三次强化练习,重复做 21 天行动计划中的练习与活动。

第 21 天

庆祝你的康复

借用一句话：今天是你新生活的第一天……你成了一个康复的讨好者。祝贺你！

你已经努力完成了这项行动计划，你值得赞扬。挑一个日子，尽可能靠近一个月后的今天。把这一天作为一个特别的日子，用来庆祝和奖励自己，因为你做出了许多改变。

▶ 为了庆祝你的康复，拿出一天时间来让自己开心。

让自己享受美好的一天。做一些让你感到放松和快乐的事情；安排一些你最喜欢的活动。为自己花些钱吧，这是你应得的！

在这庆祝的一天里，无论你选择做什么，都要回顾一下你做出了多少改变，以及你有多么重视从讨好症中康复过来。记住，你给自己的肯定，是你能获得的最重要的认可。

评估你做出的改变

再做一次第 1 章的小测验"你有讨好症吗"。将你现在的分数与你在刚开始阅读本书时的基准分数进行比较。注意你的行为、认知和情绪（讨好症三角的组成部分）有了哪些改变。

当然，你可能还有改进的空间。这是一个令人兴奋的消息，因为你现在已经知道，把问题视为挑战，并采用有效的策略来提高自己、促进成长，是一件多么有力量的事情。实业家亨利·凯泽（Henry Kaiser）曾说："我总是把问题看作披着工作服的机会。"

建立互助小组

对于你的康复而言，另一种重要、有力的支持来自其他人。和你的朋友、同事谈谈，了解他们有关讨好症的经历。

俗话说："同类相知。"如果你认识一些还在为讨好症挣扎的人，你可能会希望支持他们做出改变。反过来，他们也可以成为你的支持系统。

真正关心你的人，会愿意帮助你保持健康快乐。告诉他们如何支持你。向他们直接求助。这些行为表明，你已经从讨好症中康复了。

参加"12 步骤"团体的人，会给他们觉得可能重蹈覆辙的成员打电话。你可以和朋友或家人订下约定（最好是一个已经康复的人），当你陷入过去的模式时可以联系他。

如果能建立定期见面的互助小组，你会受益良多。尽量让见面变得愉快、方便。例如，每月在午餐时间安排互助小组见一面，这个时间对许多人来说都是方便的。或者，你可以每月轮流在小组成员家中组织一次非正式会议。

融入那些理解你的经历、对你的经历感同身受的人，是保持改变的一种非常有效的方法。

给自己写一封信：退步时拆封

现在，坐下来给自己写一封信。如果你觉得自己又染上了过去的习惯，就打开这封信来读一读。

退步了也不要慌张。在执行这个行动计划之前，你多年来一直在尽心竭力、不由自主地讨好他人，甚至可能你的一生或大半生都是如此。不要陷入完美主义、自我挫败的思维。要恢复健康，你不需要做到完美。

如果你已经改变了讨好症三角的一些基本认知、情绪和行为，你就已经走上了终生的康复之路。你在前进的路上可能会有退步，发现自己在想说"不"的时候说了"好"，或者答应为值得的组织、家人、朋友做太多的事情。

毕竟，慷慨和付出是你的天性，这是一件好事。

但你必须守住新划定的边界。在康复的前几个月里，偶尔的退步不会让你彻底滑落讨好症的谷底，除非你听之任之。

要留意自己的想法、情绪和行为，这意味着你会注意到退步的发生。在那些时候，不要犯自我贬低，消极、残酷批评自己的错误。

相反，你要打开你现在写的这封信。这封信的语气应该温和而坚定。你应该在信中回想一下,当讨好症吞噬了你的生活时,你失去掌控、背负着沉重负担时是什么感觉。

用一些例子来说明,你对自己的要求有多不合理。描述一下,不由自主地讨好他人给你带来了哪些消极影响。提醒自己,做个好人并不一定能保护你免受他人的不友善对待,只会让消极的对待变得更难以理解和解释。相信好人总会得到公平对待,会让你自责、内疚、抑郁。

现在,给自己写一条信息,在你开始退步的时候唤醒你。你不想回到那种消极的、自我挫败的讨好模式里。你不想承受讨好症带来的内疚感、自卑感,你刚刚付出了巨大的努力,才摆脱这种感受。

你懂得了获得自己的认可的价值。你付出了巨大的努力,摆脱了对他人认可的成瘾,以及让每个人都喜欢你的执念。在这封信中,请写下你希望自己能坚守这来之不易的胜利果实。提醒自己,克服讨好症不是一蹴而就的——需要一步一个脚印,一天一天地前进。大的改变,甚至彻底的转变,都只是小的进步积累而成的。

如果你稍有退步,只需要注意这种情况,重新投入康复之旅,并且在下次面临讨好他人的挑战时做出正确的选择。只有经过忽视和重复,疏忽才会变成错误。你可以从错误中学习。在信中告诉自己这一点。

让自己立即开始复习记忆卡,做强化练习。如果你有退步,这只意味着你需要更加小心,这样你就不会一落千丈,回到那种让你感到不快乐、不安全、不够好和疲惫的生活方式。

第 21 天总结

- 庆祝你的康复吧!
- 留出一天(或一天中的大部分时间)来享受乐趣,奖励和满足自己。
- 与其他康复的讨好者(或者刚刚开始康复的人)组建一个支持小组,你可以和这些人交换故事,交流经历,互相提供帮助和建议。
- 给自己写一封信,以防自己退步。不要做完美主义者。你可能会时不时地做出一些讨好习惯。注意这些退步;从错误中吸取教训;再次投入康复之旅,改变讨好症三角(认知、情绪、习惯)的任何部分,你就能回到正轨。

结语

你已经读到了本书的结尾,我相信这是一种新生活的开端。在这种生活里,你会对自己和他人的关系感到更满意。你已经变成了一个康复的讨好者,对自己的生活有了更多的掌控,对你改变自己的能力也有了更多的认识。

现在你知道了如何发现自己身上想要改变或改进的地方,以及如何采用系统性的策略来改掉坏习惯,用更好的习惯取而代之。如果你能改变长期以来的讨好症,你就可以掌控或重新掌控几乎所有其他让你感到不满的行为、表现、健康习惯、关系、想法或感受。

你在开始阅读本书的时候,我曾说你可以只读三个部分中的一个,然后阅读 21 天行动计划。如果你采纳了我的建议,现在是时候回过头去阅读你跳过的部分了。读完这三个部分(认知、行为与情绪)能让每个讨好者受益,你也不应该给自己留下短板。

亲身经历改变的过程（而不仅仅是阅读相关的内容）能给你力量。我要向你表示祝贺，因为你表现出了克服讨好症所必需的决心、自律和勇气。我鼓励你珍惜并守护你刚刚取得的成果，尤其是要警惕任何让你回归讨好的旧习惯的人和事。

　　要练习照顾自己，审慎回应他人的需求，并且要保持自己刚刚形成的这种意识。要关心自己、关心他人，在此基础上做出明智的选择，从而改掉强迫性的讨好习惯。

注释

第 2 章

1. 更多关于认知疗法、认知行为疗法的内容，请参阅 A. T. Beck, *Cognitive Therapy and the Emotional Disorders* (New York: International Universities Press, 1976); D. Burns, *Feeling Good: The New Mood Therapy* (New York: Avon Press, 1992); and D. Burns, *The Feeling Good Handbook* (New York: Plume Press, 1990).
2. See K.Horney, *The Neurotic Personality of Our Time* (New York:Norton, 1993).
3. See A. Ellis, *Reason and Emotion in Psychotherapy* (New York: Birch Lane Press, 1994) and A. Ellis and S. Blau (eds.), *The Albert Ellis Reader: A Guide to Well-Being Using Rational-Emotive Behavior Therapy* (New Jersey: Citadel Press, 1998).
4. A. Ellis, *Keynote speech* (Los Angeles County Psychological Association, Annual Convention, Anaheim, California, 1999).

第 3 章

5. H. Selye, *The Stress of Life* (New York:McGraw-Hill, 1978) and H. Selye,

Personal interview, *Psychology Today* 11 (10) (March 1978): 60–70.
6. H. Braiker, *Lethal Lovers and Poisonous People* (New York: Pocketbooks, Hardcover, 1991).

第 11 章

7. D. Burns, *Therapist's Toolkit* (Los Altos Hills: Burns (self-published), 1997 upgrade).

第 12 章

8. M. T. Friedman and R. Rosenman, *Type A Behavior and Your Heart* (New York: Knopf, 1974).

第 14 章

9. 要进一步了解三层冲突模型，请参阅 H. Braiker and H. Kelley, " Conflict in the Development of Close Relationships, " in *Social Exchange in Developing Relationships* ed. R. L. Burgess and T. E. Huston (New York: Academic Press, 1979).

原生家庭

《母爱的羁绊》

作者：[美] 卡瑞尔·麦克布莱德 译者：于玲娜

爱来自父母，令人悲哀的是，伤害也往往来自父母，而这爱与伤害，总会被孩子继承下来。
作者找到一个独特的角度来考察母女关系中复杂的心理状态，读来平实、温暖却又发人深省，书中列举了大量女儿们的心声，令人心生同情。在帮助读者重塑健康人生的同时，还会起到激励作用。

《不被父母控制的人生：如何建立边界感，重获情感独立》

作者：[美] 琳赛·吉布森 译者：姜帆

已经成年的你，却有这样"情感不成熟的父母"吗？他们情绪极其不稳定，控制孩子的生活，逃避自己的责任，拒绝和疏远孩子……
本书帮助你突破父母的情感包围圈，建立边界感，重获情感独立。豆瓣8.8分高评经典作品《不成熟的父母》作者琳赛重磅新作。

《被忽视的孩子：如何克服童年的情感忽视》

作者：[美] 乔尼丝·韦布 克里斯蒂娜·穆塞洛 译者：王诗溢 李沁芸

"从小吃穿不愁、衣食无忧，我怎么就被父母给忽视了？"美国亚马逊畅销书，深度解读"童年情感忽视"的开创性作品，陪你走出情感真空，与世界重建联结。
本书运用大量案例、练习和技巧，帮助你在自己的生活中看到童年的缺失和伤痕，了解情绪的价值，陪伴你进行自我重建。

《超越原生家庭》(原书第4版)

作者：[美] 罗纳德·理查森 译者：牛振宇

所以，一切都是童年的错吗？全面深入解析原生家庭的心理学经典，全美热销几十万册，已更新至第4版！
本书的目的是揭示原生家庭内部运作机制，帮助你学会应对原生家庭影响的全新方法，摆脱过去原生家庭遗留的问题，从而让你在新家庭中过得更加幸福快乐，让你的下一代更加健康地生活和成长。

《不成熟的父母》

作者：[美] 琳赛·吉布森 译者：魏宁 况辉

有些父母是生理上的父母，心理上的孩子。不成熟父母问题专家琳赛·吉布森博士提供了丰富的真实案例和实用方法，帮助童年受伤的成年人认清自己生活痛苦的源头，发现自己真实的想法和感受，重建自己的性格、关系和生活；也帮助为人父母者审视自己的教养方法，学做更加成熟的家长，给孩子健康快乐的成长环境。

更多>>>
《拥抱你的内在小孩（珍藏版）》 作者：[美] 罗西·马奇-史密斯
《性格的陷阱：如何修补童年形成的性格缺陷》 作者：[美] 杰弗里·E.杨 珍妮特·S.克罗斯科
《为什么家庭会生病》 作者：陈发展

习惯与改变

《如何达成目标》
作者：[美] 海蒂·格兰特·霍尔沃森 译者：王正林

社会心理学家海蒂·霍尔沃森又一力作，郝景芳、姬十三、阳志平、彭小六、邻三月、战隼、章鱼读书、远读重洋推荐，精选数百个国际心理学研究案例，手把手教你克服拖延，提升自制力，高效达成目标

《坚毅：培养热情、毅力和设立目标的实用方法》
作者：[美] 卡洛琳·亚当斯·米勒 译者：王正林

你与获得成功之间还差一本《坚毅》；《刻意练习》的伴侣与实操手册；坚毅让你拒绝平庸，勇敢地跨出舒适区，不再犹豫和恐惧

《超效率手册：99个史上更全面的时间管理技巧》
作者：[加] 斯科特·扬 译者：李云

经营着世界访问量巨大的学习类博客
1年学习MIT 4年33门课程
继《如何高效学习》之后，作者应万千网友留言要求而创作
超全面效率提升手册

《专注力：化繁为简的惊人力量（原书第2版）》
作者：[美] 于尔根·沃尔夫 译者：朱曼

写给"被催一族"简明的自我管理书！即刻将注意力集中于你重要的目标。生命有限，不要将时间浪费在重复他人的生活上，活出心底真正渴望的人生

《驯服你的脑中野兽：提高专注力的45个超实用技巧》
作者：[日] 铃木祐 译者：孙颖

你正被缺乏专注力、学习工作低效率所困扰吗？其根源在于我们脑中藏着一头好动的"野兽"。45个实用方法，唤醒你沉睡的专注力，激发400%工作效能

更多>>>

《深度转变：让改变真正发生的7种语言》 作者：[美] 罗伯特·凯根 等 译者：吴瑞林 等
《早起魔法》 作者：[美] 杰夫·桑德斯 译者：雍寅
《如何改变习惯：手把手教你用30天计划法改变95%的习惯》 作者：[加] 斯科特·扬 译者：田岚